KB184958

Hotel Food & Beverage Service

호텔식음료실무론

HOTEL FOOD & BEVERAGE SERVICE

호텔식음료실무론

유도재 저

(주)백산출판사

머리말

우리나라 호텔 식음료의 역사는 1902년 손탁호텔에서 운영하던 레스토랑에서부터 시작되어 120여 년의 시간이 흘러왔다. 그러나 1980년대 중반까지도 호텔의 식음료 업장은 객실 영업을 위한 보조적 부대시설로 인식되거나 전체 매출에서 차지하는 비중도 30% 이내를 벗어나기가 쉽지 않았다. 이후 88서울올림픽을 기점으로 다국적 호텔기업들의 국내 진출이 활기를 띠면서 국내 호텔의 식음료 산업도 선진화와 대중화의 길로 들어서게 되어 현재는 객실부서와 함께 호텔의 양대 수익 창출부서로 그 중요성이 커지고 있다.

이 외에도 호텔의 식음료 부서는 외식문화를 선도하고 다양한 고객층을 확보하는 데에도 중요한 역할을 하고 있다. 식음료와 연회가 결합 된 각종 회의나 컨벤션, 문화예술공연, 웨딩 같은 대형 연회행사는 고객들의 다양한 예술문화 욕구를 충족시키고, 호텔로 신규 고객을 유입시키는 동시에 장소와 시간대를 신축성 있게 운영함으로써 매출의 극대화를 도모할 수 있다.

이에 따라 고품질의 호텔 식음료 서비스를 제공할 수 있는 호텔리어의 질적 교육과 양성이 대학 교육에서 선제적으로 뒷받침되어야 하며, 이를 위한 실무중심적 서비스 교재가 절실히 필요하다. 대부분의 호텔 관련 학과에 입학한 학생들은 대학교육을 받는 동안 호텔을 직접 체험할 기회가 적고 산학실습의 기회마저 줄어들고 있어 오로지 교재 위주로 공부해야 하는 것이 부정할 수 없는 현실이다. 본 교재는 이러한 모순적 현실을 보완해 나가기 위해 이해하기 쉽고 간접적인 경험이 가능하도록 실무적 접근에 충실하였다.

본 교재의 이해를 돕기 위해 몇 가지 특징을 소개하면 다음과 같다.

첫째, 교재의 내용을 크게 5개 파트로 구분하고 전체를 13개 장으로 구성하였다. 이러한 구성 내용에는 호텔의 3대 요소라 할 수 있는 상품, 업장, 서비스를 모두 다루고 있는데, 서비스와 관련된 내용은 4~5장에서, 상품에 관련된 내용은 6~7장과

11~13장에서, 업장에 관련된 내용은 8~10장에서 자세히 설명하고 있다. 이 외에 식음료 산업의 발전과정이나 이론적 배경들은 1~3장에서 설명하고 있다.

둘째, 학생들이 이론과 연관된 실무를 간접적으로나마 경험할 수 있도록 교재 전반에 300여 장의 시각 자료를 첨부하였다. 오래 기억하기 위해서는 쉽게 이해해야 하고, 쉽게 이해하기 위해서는 이론과 연관된 시각 자료가 효과적이기 때문이다.

셋째, 교재 전반에 관련 도표를 30여 개 첨부하였다. 본론의 내용 중 그 성격이 비슷하거나 복잡하게 나열된 부분들은 이해하기 쉽도록 도표 안에 호텔별, 내용별로 정리하여 설명하였다.

마지막으로 본 교재의 전문성과 완성도를 높이기 위해 최상위 브랜드 호텔의 홍보실로부터 관련 자료를 적극적으로 협조받았으며, 그 외에 별도로 필요한 자료는 식음료 관련 우수 교재를 참고하거나 관련 사이트를 검색하여 최신자료를 발췌하였다. 그러나 이와 같은 노력에도 불구하고 미흡한 부분이 있을 수 있다. 부족한 내용은 향후 수정과정을 거쳐 모자람을 채울 것이다.

본 교재가 완성되기까지 많은 분들의 도움과 협조가 뒷받침되었다. 특히 호텔에 관련된 자료제공과 자문을 아끼지 않은 홍보실 관계자분들과 독자 교수님들의 조언에 감사드리고, 본 교재가 출간될 수 있도록 도와주신 백산출판사 관계자분들에게도 감사의 마음을 전한다.

저자 유도재

차 례

PART 1 호텔 식음료의 이해

Chapter 1 호텔 식음료 발전사

Chapter 2 호텔 식음료의 이해

Chapter 3 호텔 식음료 부서의 이해

PART 2 서비스 관리

Chapter 4 식음료 접객 서비스

Chapter 5 식음료 기물과 테이블 서비스

PART 3 메뉴 관리

Chapter 6 메뉴 관리

Chapter 9 커피숍, 뷔페, 룸서비스 업무

Chapter 10 연회관리

PART 5 음료 관리

Chapter 11 음 료

Chapter 12 와 인

PART 1

호텔 식음료의 이해

Chapter 1 호텔 식음료 발전사

Chapter 1 호텔 식음료 발전사

제 1 절 서양의 식음료 발전사

1. 고대시대

인류문명과 함께 숙박과 식음료의 관계는 상호 필연적으로 존재하여 왔다. 그러나 언제·어디서 여행자들을 위한 식당시설이 제일 먼저 생겨났는지는 아무도 단정 짓기 어렵다. 다만 문헌상의 기록이나 구전, 역사적인 유물들로 인하여 추정할 수 밖에 없을 것이다.

고대 이집트의 분묘와 피라미드에서 발견된 벽화에는 많은 사람들을 위해 어떻게 음식을 준비하고, 어떻게 서비스를 하였는지 잘 묘사되어 있다. 벽화에는 그 당시 사람들이 오늘날과 같이 음식을 준비하여 시장에서 팔았음을 보여 주는 그림이나 상형문자가 그려져 있는데, 특히 오늘날과 같이 상인들이 길거리나 그 밖의 장소에서 음식을 팔던 모습과 제빵사·조리사들의 작업과정이 그려져 있다.

B.C. 3000년경 덴마크와 오크니제도(Orkney Island)[1] 신석기 유적지에서는 부족들이 커다란 부엌에서 음식을 만들고 그 음식을 모두 함께 먹고 살았던 증거들이 발견되었고, 고대 모헨조다로(Mohenjodaro)[2] 유적지에서는 식당시설을 추측케 하는 돌로 된 오븐과 스토브를 갖춘 유물들이 발견되었다.

---

1 B.C.3000~B.C.2000년경의 신석기 유적지로서 북부유럽 신석기인들의 뛰어난 문화적 성취를 보여주고 있으며, 영국의 그레이트브리튼 섬 북쪽 앞바다에 위치하고 있다.

2 B.C.4000년경 인도의 인더스 강변 하류지역으로 문명의 발상지이며, 세계 최초의 수세식 화장실이 발견된 유적지이기도 하다.

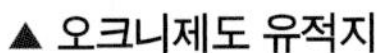
▲ 오크니제도 유적지

▲ 모헨조다로 유적지

또한 고대 그리스인들은 페르시안들로부터 조리법과 식사법을 계승받아 음식을 조리했으며, 식당의 기원이라 할 수 있는 음식점들에서는 곡물, 들새고기, 양파 등의 매우 단조로운 음식들이 제공되었던 것으로 전해지고 있다.

2. 로마시대

로마인들은 그리스인들의 요리보다 더욱 섬세하고 맛있는 그들 자신만의 요리를 개발하였으며, 로마시대의 연회나 식도락적인 축제의 발전은 4세기 말까지 번창하였다.

일반적으로 공화정 시대의 로마인들은 프란디움(Prandium)이라 불리는 아침 겸 점심식사와 저녁 등 하루에 두 끼만 먹는 풍습이 있었다. 그러다가 곡물, 꿀, 올리브, 계란, 치즈, 와인에 적신 빵 등으로 된 아침식사의 관습이 도입되었다. 점심식사인 프란디움은 가볍게 먹을 수 있는 찬 요리였고, 저녁식사는 정찬이었다.

저녁식사는 육류, 가금류, 생선과 혼합 해산물을 곁들인 요리와 과자, 신선한 과일, 향기로운 와인 등이 곁들여졌다. 이러한 식사문화는 부와 기품의 상징이었으며, 후일 파티나 연회의 기초가 되었다.

또한 로마시대의 귀족들은 귀빈들을 접대하는 기회가 많기 때문에 그들 자신의 영토 내에 객실을 건축하고 고객을 접대하면서 식당 등을 구비하여 귀빈을 맞이하

▲ 오스티아 유적지

▲ 카라칼라 욕장 유적지

기도 하였다. 고대 로마의 오스티아(Ostia)[3] 등지에서는 4층 건물로서 내부에 안내소나 상점, 식당 등을 설비한 여관들이 생겨났다는 것이 오스티아 유적에서 확인되고 있으며, 그리스 시대의 식당(Tavernas)과 숙박시설을 겸한 포피나(Popina)가 각지에 산재하고 있었다.

또한 로마시대에 나폴리의 베수비우스 산줄기의 휴양지에서는 '식사하는 곳'이 매우 많았으며, 유명한 '카라 칼라(caracalla)'라는 대중목욕탕[4]의 유적에서도 식당의 흔적을 찾아볼 수 있다.

3. 중세시대

A.D. 5세기에는 게르만민족의 이동과 함께 지중해 세계를 장악하던 서로마 제국

---

3 고대 오스티아는 티베르 강 하구에 위치하였는데, 고고학자들이 그 부지에서 B.C. 4세기 중엽의 요새를 발견하였다. 19세기 들어 교황의 권한으로 고고학적 발굴이 시작되어 로마시대 도시의 2/3 가량이 복원되었다.

4 카라칼라는 로마시대의 목욕탕으로 1600명을 동시에 수용할 수 있으며, 냉수욕실, 온탕실 외에도 사교장 겸 스포츠 장으로 사용되면서 음식물을 제공하는 식당시설이 있었다.

▲ 프랑스 클뤼니 수도원

▲ 아르메니아 고사반크 수도원

이 멸망하고, 중세유럽은 암흑기[5]로 돌입한다.

중세초기 유럽의 음식들은 매우 빈약하여 곡물, 우유, 치즈, 야채 등이 주식이었으며, 요리는 수도원이나 교회 근방의 농업생산지를 통해 근근히 명맥을 이어오다가, 이후 수도사들로부터 평민에게 전수되어 그 지방 특유의 요리들로 발전하게 되었다. 이 시기 요리기술의 일반적인 경향은 몸에 좋고, 입맛을 돋우고, 소화가 잘되는 음식의 개발이었으며, 영양이 풍부한 수프를 만들어 베이컨을 띄워 먹기도 하였다.

중세 중반부터는 봉건제도가 완전히 자리를 잡으면서 상업과 사회적 활동이 재개되고 봉건 영주들의 생활은 풍족해졌다. 이 시대 식음료 서비스는 귀족들만의 특권이었으며, 봉건영주들은 연회와 파티 등을 빈번히 개최하였으며, 연회에는 곡예사, 마술사들이 묘기를 보여 흥을 돋우고, 참석자들은 향수 물에 손을 씻고 큰 접시위에 놓인 공작, 소, 돼지, 양고기 요리를 즐겼다.

중세시대에는 음식문화가 차츰 세련되고 화려한 조리법이 개발되기 시작하였는데, 마늘소스를 비롯한 각종 향신료로 맛을 낸 조리법이 성행하였으며, 이 시기에 치즈는 완전히 일반화되어 평민들의 주요한 식품이 되어 가고 있었다.

5 서로마 제국이 멸망한 476년부터 동방의 비잔틴 제국이 멸망한 1453년까지 약 1,000년의 기간을 유럽의 중세시대라고 할 수 있는데, 이 시대 유럽에서는 기사도 정신에 의한 독특한 문화가 발전한 반면, 인간보다는 신이 중심이 된 사회였으며, 십자군전쟁이나 백년전쟁 등으로 인해 이 기간을 역사학자들은 '암흑 시대' 라고 표현하기도 한다.

4. 르네상스시대

르네상스시대는 문화·예술의 부흥뿐만 아니라 음식에서도 그 발전이 눈부셨던 시기였다. 르네상스시대의 요리는 예술의 발달만큼 고급요리로 유명하다. 외식산업의 르네상스는 이탈리아에서 씨를 뿌렸으며, 곧 프랑스로 옮겨가 화려한 꽃을 피우게 되었다.

중세 말부터 17세기까지의 이탈리아 요리는 최고의 위치를 점하고 있었으며, 타국에 현저한 영향을 끼치고 있었다. 이 시기에 처음으로 메뉴와 식사습관이 정립되었고, 식탁예절이 발전하기 시작하였다. 또한 중요한 식탁혁명이라 할 수 있는 것은 식도의 사용과 포크의 발명이었다.

포크의 발명지는 이탈리아로 뜨거운 라자니아(lasagne)를 먹을 때 손을 데지 않도록 사용하던 끝이 뾰족한 나무꼬챙이에 그 기원을 두고 있다. 귀족들조차 나이프와 포크를 사용하기 시작한 것은 17세기 말부터이다.

1553년 이탈리아 피렌체(Florence)지방 메디치 가문의 까뜨린느(Catherine)는 앙리2세와 결혼하여 프랑스로 오게 되었을 때, 수석조리사를 직접 데리고 와서 이전에 프랑스 사람들에게 알려지지 않았던 음식들을 테이블에 선보이며 앙리2세와 귀족들에게 큰 기쁨을 주었다. 이것이 계기가 되어 향신료의 풍미로 유명한 메디치가의 조리법이 프랑스 궁중요리사에게 전수되었다.

이 당시 프랑스의 귀족들은 자신의 성을 얼마나 호화스럽게 짓는가에 열중하였고, 성 안에서는 밤마다 우아하고 사치스런 연회가 열렸다. 따라서 귀족들의 연회는 조리경연대회 같아서 능력있는 조리사는 생활비는 물론 연금을 보장받으면서 미식의 연구와 발전에 몰두할 수 있는 생활을 누렸다. 이러한 환경속에서 프랑스 요리는 최고급으로 발전하게 되었고, 마침내 유럽에 그 명성을 떨치게 되었다.

프랑스 대혁명기간 중인 1792년에 화려했던 부르봉(Bourbons)왕조[6]가 몰락하면서 쇠락한 프랑스의 많은 귀족들이 조리사와 하인들을 데리고 파리에 있는 자신들의 집에서 저녁과 음식을 판매하였으며, 이들 중 몇몇은 오늘날 파리에 있는 고급 유명레스토랑의 시초가 되기도 하였다.

6 16세기 말부터 19세기 초에 걸쳐 부르봉가가 통치한 프랑스 왕조

5. 근대 이후 호텔레스토랑의 발전

프랑스에서는 왕족과 귀족을 대상으로 특권계급 전용의 사교장으로써 호화호텔이 생겨나기 시작하였다. 이러한 호화호텔에서는 숙박과 음식이 잘 훈련된 종사자로부터 제공되었다.

호화호텔의 시대에 대표적인 호텔경영자는 리츠(Cesar Ritz : 1850~1918)이다. 리츠는 1889년 런던에 세워진 사보이호텔(Savoy Hotel)을 인수하면서 호텔경영은 물론 레스토랑을 번창시켜 외식산업 발전에도 크게 공헌하였다. 이때 리츠는 서양요리 역사상 가장 유명한 요리사 에스코피에와의 동업을 통해 호텔레스토랑을 조직, 서비스, 와인, 음식 등을 고루 갖춘 고급레스토랑으로 경영하였으며, 부가가치가 높은 풀코스(Table d'Hote) 메뉴를 개발하여 유럽의 왕족이나 귀족층을 중심으로 큰 인기를 얻어나갔다.

이후 리츠는 사보이호텔의 성공경영을 발판으로 파리, 런던, 뉴욕, 로마와 마드리드 등에 18개의 리츠호텔 체인을 구축하였으며, 이들 호텔에서는 코스요리를 중심으로 한 고급 서양 요리를 판매하였다. 이때부터 호텔 내 레스토랑 운영이 경영성과의 증대뿐만 아니라 고급호텔의 필수 업장으로 정착화되기 시작하였고, 프랑스의 음식문화가 상류층을 상대로 하는 흐름에서 대중들을 위한 시대로 변화하였다.

제2차 세계대전(1939~1945)이 종전되고 1950년대부터는 호텔사에서 새로운 숙박혁명의 시작점인 현대 호텔의 시대가 도래한다. 현대 호텔사를 대표하는 가장 큰 특징은 힐튼이나 메리어트, 핸더슨과 같은 체인경영의 거장들이 등장하면서 기존에 1개의 호텔을 독립적으로 운영하는 형태에서 수십 또는 수천 개의 호텔을 하나의 체인시스템으로 관리하는 체인경영이 본격화된 점이다.

21세기 중반 들어 힐튼그룹은 전 세계 120여 국가에서 18개 힐튼 브랜드를 사용하는 호텔들만 6,550여 개에 달하고, 메리어트그룹 역시 138개 국가에서 30개의 메리어트 브랜드를 사용하는 호텔들만 7,700여 개에 이르고 있다. 이 외에도 인터컨티넨탈호텔그룹, 하얏트그룹, 아코르그룹, 윈덤그룹, 초이스호텔그룹 등에서도 자체 브랜드를 사용하는 수천 개의 체인 호텔들을 거느리고 있다. 이와 같이 현대 호텔산업의 눈부신 성장과 함께 호텔 식음료 산업도 필연적 관계로 발전을 거듭해 오고 있다.

▲ 1889년에 세워진 런던 사보이호텔과 레스토랑 전경 이곳 사보이호텔에서 에스꼬피에가 개발한 코스요리가 탄생하였으며 이후 전 유럽에 서양 요리가 전파되기 시작하였다.

제 2 절 한국의 식음료 발전사

1. 서양요리의 도입

약 100년 정도의 서양요리 역사를 지니고 있는 우리나라는 어떤 경로로 서양요리가 처음 도입 되어 발전되어 왔는지는 밝혀지지 않고 있다. 다만 서양요리의 전래는 개화기를 맞아 서양인들의 왕래가 빈번해지면서 서양음식이 전해졌을 것으로 추측할 수 있다.

우리나라에서 세워진 최초의 호텔은 1888년 인천 서린동에 설립된 대불호텔이었다. 당시로는 우리나라를 찾는 외국인을 수용하기 위한 양식호텔로서 11실의 객실을 갖춘 3층 건물이며 서양요리를 판매하였을 것으로 짐작되나 정확한 자료는 전해지지 않고 있다.

고종 말년에는 궁중에서 프랑스음식을 만들어 먹었던 것으로 전해지고 있지만, 서양요리가 왕실과 몇몇 사람을 벗어나 널리 전파되기 시작한 것은 호텔에서부터라고 할 수 있다. 따라서 우리나라에서 서양요리 및 식음료 서비스의 변천사는 곧 호텔의 발달사와 밀접한 관련이 있다.

▲ **우리나라 최초의 호텔 '대불호텔'과 2018년에 새롭게 복원한 대불호텔 전경** 인천시 중구는 130년 전의 대불호텔 건물을 복원해 현재의 '대불호텔 전시관'을 개관하였다.

2. 레스토랑의 출현

1902년 서울에서는 독일 여인인 손탁(Sontag)[7]이 지금의 정동에 손탁호텔을 건립하였다. 손탁호텔은 우리나라에서 서구식 호텔의 건축과 그 운영으로 숙박시설이 여관형태에서 벗어나는 전환기를 가져왔으며, 처음으로 서양식 레스토랑이 출현하여 차와 프랑스요리를 판매하였다.

손탁은 민비에게 서양과자를 만들어 환심을 산 다음 서양요리 강습 및 손수 만든 요리를 선보였으며, 고종의 양식시중으로 정동의 왕실 부속 건물을 기증받아 황실의 양물일체를 취급하는 어용계를 맡아보았다.

▲ **1902년 건립된 손탁호텔과 레스토랑 전경** 손탁호텔은 우리나라의 숙박시설이 여관형태에서 벗어나는 전환기를 가져왔으며 최초로 서양식 레스토랑을 운영하였다.

---

7 손탁은 독일의 알사스 로렌 출신으로 혈통은 프랑스인이고, 국적은 독일, 활동무대는 제정러시아로서 1885년 5월에 부임한 러시아 공사 웨버(Weber)의 처형이었다.

그 후 정동구락부를 손탁호텔로 개명해 2층은 외래객의 객실로 판매하였고, 1층은 레스토랑으로 경영하였다. 레스토랑에서는 상류층의 사교모임과 비즈니스 장소로 인기가 높았는데, 양주를 마시며 서양요리를 먹는 우리나라 최초의 근대식 레스토랑이며 손탁은 첫 웨이트리스일 것이다.

3. 일제강점기

일제강점기간(1910~1945) 동안 국내에 건설된 대부분의 호텔들은 일본인에 의해 건축되고 운영되었으며, 일본의 대륙침략을 위한 전초기지로 생겨난 호텔들이라 할 수 있다.

1915년 서울에서는 일본 총독부 철도국 주관으로 조선호텔(69실)이 건립되었다.

당시의 조선호텔은 프랑스요리가 제공되고 연회장을 구비하고 있어 사교중심지로 인기가 높았다. 이용객은 주로 총독부의 고급관리나 일본군 장성 등 특수층이었으며 일반인은 출입이 제한되었다. 호텔종사자도 일본인들로 충원하고 있어 한국인에게는 좀처럼 취업의 기회가 주어지지도 않았다. 그러나 조선호텔의 등장은 선진외국의 호텔경영기법을 도입한 데 의의가 크다고 할 수 있다.

1925년에는 서울역사가 준공되면서 역구내 2층에 '그릴'이라는 양식당이 오픈되었다. 주로 조선총독부 고위 관리 등 특수층의 사교장소로 이용되며, 조선호텔과 함께 가장 고급스러운 양식식당으로 손꼽혔다. 메뉴는 프랑스 루이 14세 당시의 요리를 그대로 조리하여 판매하였다. 일본이 패망한 후 미군은 조선호텔에 묵었고 환영연은 서울역 그릴식당에 의뢰해 준비케 할 정도였다.

1936년에는 상용호텔인 반도호텔이 등장하였다. 이 호텔은 일본인 노구찌에 의해 세워진 8층 콘크리트 건물로서 111실의 객실과 양식레스토랑, 300명을 수용할 수 있는 연회장을 보유하고 있었다. 또한 반도호텔은 순수한 서구식 호텔로 미국의 Buffalo Statler 호텔의 경영방식을 처음으로 도입하였고, 최초로 간부급 종사자들을 미국에 파견시켜 호텔전문교육 훈련을 받고 돌아와 근무케 하였다.

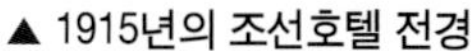
▲ 1915년의 조선호텔 전경

▲ 1936년의 반도호텔 전경

4. 호텔레스토랑의 대중화

1960년대는 경제개발이라는 시대적 요청에 직면하여 우선 시급한 외화획득의 수단으로 관광산업의 중요성이 인식됨에 따라 관광산업의 진흥에 역점을 두기 시작하였다. 특히 1963년 개관한 워커힐호텔은 당시 국제친선과 외화획득을 주목적으로 주한 UN군의 휴양을 위한 리조트호텔로써 당시 동양 최대(254실)의 호텔로 개관하였다. 호텔의 부대시설로는 서양식 레스토랑과 커피숍, 연회장, 카지노 등 다양한 부대시설 등을 갖추고 있어 호텔 식음료 산업 발전의 계기가 되었다.

1980년대는 대규모 국제회의의 유치와 88서울올림픽 등을 기점으로 국내 대기업들의 호텔산업 진출이 본격적으로 시작되었고, 세계적 체인호텔들이 대거 국내로 상륙하면서 국내의 식음료산업도 발전을 거듭하게 되었다. 특히 프랑스와 이탈리안식 서양요리를 비롯하여 중식·일식 등의 동양요리를 전문적으로 제공하는 식음료 업장들이 특급호텔을 중심으로 활발히 운영되기 시작하였다.

2000년대 이후부터는 국내 호텔산업이 역사 이래 최고의 호황기를 맞이하게 되는데, 이러한 배경에는 세계 10위권의 경제대국 진입과 한류열풍으로 시작된 K팝, K드라마, K푸드 등의 영향으로 국가적 품격이 높아지면서 더욱 뚜렷해지고 있다.

특히 K푸드로 대표되는 국내 외식산업의 글로벌 위상이 두드러지고 있다. 실제 한국 김밥은 미국 마트에 들여놓자마자 품절되는 인기 품목으로 떠올랐으며, K-만두, 김치, 김 등은 미국과 유럽에서 건강식이라는 이미지를 얻으며 인기가 높고, K-라면, 비빔밥, 불고기, 치킨, 떡볶이 등은 전 세계인들의 사랑을 받고 있다. 2008년부터 이어져 온 한식의 세계화가 2020년대 이후 가속화되면서 유망 신산업으로 부상하는 것은 매우 고무적인 일이다.

국내 호텔산업의 발전과 함께 호텔 식음료 산업도 고급화와 대중화의 길을 함께 걷고 있다. 특히 서울지역을 중심으로 2000년대 이후부터 JW메리어트호텔, 파크하얏트호텔, 콘래드호텔, 포시즌스호텔, 롯데시그니엘 등의 럭셔리 호텔들이 차례로 개관하면서 호텔 내 다양한 식음료 업장들이 문을 열었다. 이와 같이 우리나라 호텔산업은 근대 개항기에 객실 11실의 대불호텔로 시작하여 140여 년이 지난 현시점에 전국에서 2,400여 개의 관광숙박업소가 운영될 정도로 발전을 거듭하였다.

이제 사람들은 '어떤 분위기에서, 어떤 서비스를 받으며, 어떤 음식을 먹느냐!' 하는 선택을 하게 되었다. 이러한 배경하에 현대의 호텔 식음료 산업은 규모의 대형화와 고급화가 이루어지고, 21세기 신성장산업으로 발전해가고 있다.

▲ 2020년대 들어 K푸드로 대표되는 한식의 글로벌 위상이 높아지고 있다. 국내 5성급 호텔들은 양식, 한식, 중식, 일식, 그릴&바 등의 다양한 식음료 업장을 운영하고 있다(좌: 시그니엘 서울 프렌치 레스토랑, 우: 콘래드 서울 '37그릴&바')

Chapter 2 호텔 식음료의 이해

Chapter 2 호텔 식음료의 이해

제 1 절 호텔 식음료의 개념과 중요성

1. 호텔의 개념

우리 인간의 기본적인 욕구 중에 먹고 자는 것만큼 중요한 것이 있을까? 이렇듯 호텔의 발전사에서도 숙박과 식사는 인간의 욕구 충족을 위해 서로 뗄 수 없는 상호 필연적 조건으로 발전해왔다.

호텔(Hotel)의 어원 역시 '나그네'라는 뜻을 가진 라틴어 '호스페스(Hospes)'에서 유래되었는데, 고대의 호스페스는 교회 등 종교단체가 무료로 잠자리와 식사를 제공하던 보호시설의 형태였다. 이것이 점차 여행자를 따뜻하게 환대한다는 의미로 '호스피탈레(Hospitale)'로 파생되었고, 그 성격이 발전하면서 숙소의 뜻을 지닌 호스텔(Hostel)·인(inn)·호텔(Hotel)로 변천을 거쳤다.

이처럼 호텔은 시대적 변천에 따라 숙박, 식사, 회의 및 오락 장소 등으로 이용하는 대표적인 환대사업체로 발전하였다. 웹스터 사전에서도 호텔을 '일반 대중을 위하여 숙박과 식사, 오락을 제공하고 다양한 인적서비스를 제공하기 위하여 만들어진 건물이나 시설'로 정의하고 있다.

현대의 호텔산업도 기본적으로 고급스러운 분위기를 연출할 수 있는 수준 높은 객실과 식당 및 연회장 시설 등을 갖추고, 이를 필요로 하는 고객들에게 서비스 상품을 제공하는 대표적인 환대산업이라 할 수 있다.

2. 호텔 식음료의 개념

호텔경영에서 객실 부문과 식음료 부문은 상호 보완적으로 발전해 왔다. 따라서 호텔경영에서 식음료 부문을 선제적으로 이해하는 것은 호텔리어에게 필수적이라 할 수 있다.

식음료(F&B)란 음식(Food)과 음료(Beverage)의 합성어로서 호텔에서 판매하는 음식과 음료에 해당하는 모든 상품을 의미하며, 이러한 식음료를 판매하는 부서를 식음료 부서라고 한다. 식음료 부서는 기본적으로 고품질의 식사와 음료를 제공하고 여기에 우수한 고객 서비스를 결합하여 고객에게 감동적인 식사 경험을 선사하는 것이 주목적이다.

따라서 호텔의 식음료 부서는 '호텔이라는 특정한 공간 안에서 음식과 음료를 제공하기 위하여 일정한 접대시설과 종사자 그리고 조리시설 등을 갖추고, 이를 필요로 하는 사람들에게 영리를 목적으로 인적·물적 서비스를 제공하는 업장'으로 정의할 수 있다.

호텔 식음료 부서의 특징은 전방부서와 후방부서로 구성된다는 점이다. 전방부서는 영업을 담당하는 식음료 부서를 들 수 있으며, 후방부서는 음식을 조리하고 생산하는 조리 부서를 들 수 있다. 이 두 부서는 각각 독립되어 있지만 상호 협력을 통하여 동시에 생산과 판매를 담당한다.

▲ 호텔 식음료 부서는 영업을 담당하는 전방부서와 조리를 담당하는 후방부서가 상호 협력하여 생산과 판매를 담당한다.

3. 호텔 식음료의 중요성

호텔의 주요 상품은 객실 상품과 식음료 상품, 연회 상품으로 구분할 수 있다. 하지만 초기의 호텔 식음료 업장은 객실 투숙고객을 위한 단순 부대시설로 인식되거나 전체 매출에서 차지하는 비중도 20% 이내로 크지 않았다. 하지만 현대들어 대규모 호텔일수록 전체 매출에서 식음료 매출이 차지하는 비중이 객실 매출을 상회하거나 비슷하게 나타나면서 호텔의 양대 수익 창출부서로써 호텔의 재무적 성과에 많은 영향을 미치고 있다.

이 외에도 호텔 식음료는 외식문화를 선도하고 다양한 고객층을 확보하는 데도 중요한 역할을 한다. 호텔 식음료 부서는 내부 숙박고객은 물론 외부고객을 호텔로 유입시켜 신규 매출을 창출하고, 고품질 서비스를 제공하는 전문 레스토랑으로써 입지, 맛, 신선도, 분위기, 가격 등에서 일반 외신문화 발전에도 많은 영향을 미치고 있다.

또한 식음료와 연회가 결합 된 각종 회의나 컨벤션, 전시회, 예술공연, 웨딩 같은 대형 연회행사는 고객들의 다양한 예술문화 욕구를 충족시키고, 호텔로 신규 고객을 유입시키는 동시에 장소와 시간대를 신축성 있게 운영함으로써 매출의 극대화를 도모할 수 있다.

제 2 절 호텔 식음료의 특성

1. 호텔 식음료의 3대 요소

호텔 식음료 영업은 식음료 상품을 레스토랑과 같은 업장에서 숙련된 인적서비스에 의해 제공되어 판매된다. 고객은 호텔의 서비스상품에 대한 기대가 높기 때문에 이 모두를 구매하는 것이고, 어느 하나 불만족하게 되면 상품 구매에 대한 불만족이 발생하게 된다.

예를 들어 호텔 주방에서 최상품의 음식을 만들었어도 음식을 서비스하는 직원의 태도가 불친절하거나 레스토랑의 분위기나 청결 상태가 좋지 않다면 고객은 불만족하게 된다. 고객이 호텔의 명성에 맞는 서비스 품질을 기대했다면 실망은 더 크게 나타날 것이다.

따라서 식음료 영업의 3대 요소는 상품(food & beverage : 음식과 음료), 업장(outlet : 식당, 주장), 서비스(service : 인적 서비스)를 꼽을 수 있다. 상품은 고객의 식욕을 충족시켜 주는 음식과 음료로써 물적 상품이며, 업장은 식음료 상품이 판매되는 공간으로 환경적 상품이다. 인적서비스는 상품을 고객에게 제공하는 행위로서 고객과의 대면 접촉이 이루어지기 때문에 고객 만족에 큰 영향을 미친다.

호텔의 식음료 관리는 이 3대 요소를 관리하는 것이 기본이며, 호텔의 식음료 관리자는 이러한 식음료 영업의 3대 요소를 잘 이해하고 관리할 수 있는 능력을 갖추어야 한다. 본 서에서는 식음료 3대 요소와 관련된 내용들을 모두 다루고 있는데, 서비스와 관련된 내용은 4~5장에서, 상품에 관련된 내용은 6~7장과 11~13장에서, 업장에 관련된 내용은 8~10장에서 설명하고 있다.

▲ 호텔 식음료의 3대 요소는 상품(음식), 업장, 종사원의 서비스로 구성된다.

표 2-1 호텔 식음료 영업의 3대 요소

3대 요소	상품 속성	서비스 속성
상품	고객에게 제공되는 음식과 음료	물적 서비스
업장	고객이 머무는 공간으로 레스토랑, 바	환경적 서비스
서비스	고객 서비스를 위해 대면 접촉하는 종사자	인적 서비스

2. 호텔 식음료 상품의 특성

1) 서비스적 특성

무형성 호텔의 식음료 상품은 무형적 특징을 가지고 있다. 예를 들어 가족 동반 고객이 레스토랑에서 고가의 식음료 상품을 주문하여 소비했다면 고객은 우아한 분위기에서 맛있는 음식을 가족과 함께 나눈 만족감과 좋은 추억을 간직할 뿐이다. 또한 종사원의 세련되고 친절한 서비스는 소유하지 못하고 경험할 수밖에 없다.

따라서 이러한 무형성을 극복하기 위해서는 유형적 단서를 제시하는 것이 필요하다. 유형적 단서를 제공하는 방법은 레스토랑의 고급스러운 실내인테리어, 종사원의 깔끔한 용모나 화려한 유니폼, 매력적인 브로슈어 사진 등으로 유형적 단서를 제공한다.

소멸성 호텔 서비스는 제품과 달리 저장할 수 없으며 적정 시간에 판매되지 않으면 그 가치가 사라지는 특성이 있다. 예를 들어 당일 판매하지 못한 식당 좌석의 수익은 소멸되고 내일 영업에 소급하여 판매할 수 없다.

따라서 이러한 소멸적 특성을 적절히 관리하는 것이 필요하다. 예를 들어 노쇼(no show) 고객으로 인한 손실을 줄이기 위해 적절한 정도의 초과예약을 받거나, 당일 판매하지 못한 식음료 상품을 재고로 이월할 수 없는 경우 할인을 통해 상품 판매를 촉진하는 방법 등이 있다.

이질성과 서비스 표준화 호텔 서비스는 서로 다른 이질적 인간들을 대상으로 서로 다른 이질적 인간들이 서비스를 제공하는 특성이 있다. 즉 서비스 종사자들간의 심리상태와 컨디션이 매일 서로 다른 만큼 직원들의 서비스 품질을 일정하게 유지하기 어려운 이질적 특성이 있다. 서비스의 이질성은 고객을 실망시키는 주요 원인으로 작용하고 있다.

이질적 특성을 극복하기 위해서는 서비스 표준화(service standardization)를 통해 서비스의 일관성을 유지하는 것이 필요하다. 예를 들어 웨스틴조선호텔의 서비스 표준화를 살펴보면 모든 직원들이 전화벨이 3번 울리기 전에 전화를 받도록 규정하거나, 고객이 좌석에 앉은 다음 2분 내에 주문을 받도록 하거나, 고객과 인사를 나누기 전에 '10보 5보 규칙'을 실천하도록 하는 것이다.

인적서비스 의존성 호텔 식음료 서비스는 레스토랑의 분위기도 중요하지만 인적 서비스는 더없이 중요하다. 다양한 취향의 고객들을 대상으로 수준 높은 서비스와 천차만별의 서비스를 제공하는 것이 자동화 된 기계설비로는 한계가 있기 때문이다.

또한 레스토랑처럼 고객과의 접촉이 많은 업무는 종사원 자체가 서비스이다. 그들은 고객의 눈에 비치는 조직 그 자체이며 호텔의 이미지이다. 잘 훈련되고 세련된 종사원들은 고객들의 높은 만족감을 이끌어 낼 수 있다. 따라서 호텔의 경영자는 종사자들이 좋은 성과를 낼 수 있도록 동기부여를 하고 최상의 서비스 품질을 유지해야 한다.

2) 운영관리적 특성

생산과 판매의 동시성 식음료 서비스는 주문, 생산, 서비스, 소비가 동시에 이루어지며 분리될 수 없다. 제조업의 경우 제품은 생산자와 소비자 사이에 유통과정이 있지만, 식음료 상품은 소비자가 업장에 직접 방문하여 주문하고 완성되어 동시에 소비하므로 유통과정이 없다.

이때의 서비스 품질은 고객과의 상호 커뮤니케이션 능력이나 신속성에 따라 달라질 수 있는데, 고객 환대와 좌석 안내, 메뉴 설명과 주문, 신속한 음식 제공, 종사원의 서비스 태도, 신속한 계산과 환송 등의 과정을 거친다. 따라서 숙련된 인적 요소에 대한 관리가 식음료 판매의 성공요인이 될 수 있다.

수요예측의 어려움 호텔의 식음료 상품은 주문생산을 원칙으로 하기 때문에 수요예측이 어렵고, 제철 음식이나 재료에 따른 성비수기가 존재하여 대량생산이 곤란하다. 또한 장소적으로 호텔 내에서만 한시적으로 판매되고, 반품이나 재고가 없고 저장판매가 불가능하다.

따라서 관리자는 업장의 예약상황이나 그동안의 고객 방문 데이터를 기반으로 대략적인 방문수요를 예측하여 준비하는 것이 필요하다.

위생관리의 중요성 식음료 상품에서 위생과 환경은 상호 필연적이다. 코로나 이후 사람들은 위생에 대한 개념을 더욱 중요시하고 있으며 식품의 위생관리 문제는 큰 사회적 관심사로 대두되었다. 일반 외식산업에서도 이제는 무공해, 무농약, 친환경, 유기농, 무항생제, 안심먹거리 등이 선호되는 현상이 뚜렷해지고 있다. 특히 식음료는 당일 주문판매를 원칙으로 하여 저장 판매나 재고판매가 어렵기 때문에 제철의 신선한 재료 관리가 필수적이다.

호텔도 정부 기관의 정기적인 위생관리 점검을 받고 있다. 주로 식재료의 유통기간 및 표기, 원산지 표기, 식재료 보관상태, 조리장 내 위생 상태, 위생모 착용, 음식물 재사용 등을 점검하고, 이를 위반할 경우 관련 법에 따라 벌금이나 영업정지 등을 받을 수 있다.

환경영향의 민감성 식음료 산업은 조류독감, 조류인플루엔자, 아프리카 돼지열병, 환경파괴, 수질오염 등의 환경영향에 민감한 특성이 있다. 예를 들어 조류독감은 닭, 오리, 철새와 같은 조류들이 걸리는 바이러스 전염병인데, 이런 전염병이 발생할 경우 관련 산업은 큰 피해를 입을 수밖에 없다. 특히 호텔의 식재료는 닭이나 오리, 돼지고기를 사용하는 경우가 많아 호텔영업에 큰 지장을 초래하고 있다. 이러한 차원에서 위생관리와 친환경 정책에 인식과 실천이 중요한 시대이다.

Chapter 3 호텔 식음료 부서의 이해

Chapter 3 호텔 식음료 부서의 이해

제 1 절 호텔 식음료 부서의 조직과 업무

1. 호텔 식음료 부서

5성급 호텔을 기준으로 할 때 호텔의 식음료 부서는 크게 3개 부문으로 구분할 수 있다. 첫째는 음식(food)을 판매하는 식당부문과 둘째는 음료(beverage)를 판매하는 음료부문이다. 셋째는 단체고객을 대상으로 연회(banquet) 상품을 판매하는 연회부문이다. 본 교재에서는 이 세 부문을 중심으로 구성하여 살펴보기로 한다.

1) 식당부서

식당의 정의는 '건물 안에 식사를 할 수 있게 시설을 갖춘 음식점'이나 '음식을 만들어 손님들에게 파는 가게'를 말한다. 식당과 혼용하여 사용하는 용어로는 음식점, 레스토랑이 있다. 본 교재에서는 식당과 식당의 영어표현인 레스토랑을 상황에 맞게 선택하여 사용하고자 한다.

호텔의 식당부서는 제공 메뉴에 따라 양식당, 그릴, 일식당, 중식당, 한식당, 뷔페 등의 다양한 업장으로 구분된다. 5성급 호텔의 경우 5~7개 정도의 식당부서를 운영하기도 하지만 3성급 이하의 호텔이나 객실 위주의 비즈니스호텔에서는 1~2개의 필수 업장만을 선택적으로 운영하기도 한다.

2) 음료부서

음료(beverage)의 정의는 '사람이 마실 수 있도록 만든 액체'를 통틀어 이르는 용어이며, 호텔의 음료부서는 이러한 음료를 판매하는 부서를 말한다. 식당이 음식을 제공하는 공간이라면 음료업장은 모든 종류의 알코올성 음료와 비알코올성 음료를 준비하여 고객에게 휴식과 맛은 물론 여흥의 즐거움까지도 제공한다. 호텔의 음료 업장은 커피숍이나 로비라운지, 스카이라운지, 바 등이 있다.

3) 연회부서

연회(宴會, party, banquet)의 정의는 '축하, 위로, 환영, 석별 등을 위하여 여러 사람이 모여 베푸는 잔치'를 말한다. 따라서 호텔 연회란 호텔의 연회장이나 회의장에서 주최측의 목적에 맞게 개최되는 행사나 모임을 말한다.

호텔 연회행사의 유형은 식사와 향연을 즐기는 순수 연회행사뿐만 아니라 각종 회의 및 세미나, 전시회, 패션쇼, 결혼식 등 다양한 특별행사 등이 있으며, 이러한 호텔의 연회장을 다목적의 기능을 갖추고 있다는 점에서 펑션 룸(function room)이라고 부르기도 한다.

2. 호텔 식음료 부서의 조직도

호텔 식음료 부서를 크게 3개 부문으로 구분하여 조직도를 살펴보면 다음과 같다. 하지만 호텔의 규모와 사정에 따라 호텔마다 차이가 있을 수 있지만 가장 일반적인 조직 형태라 할 수 있다.

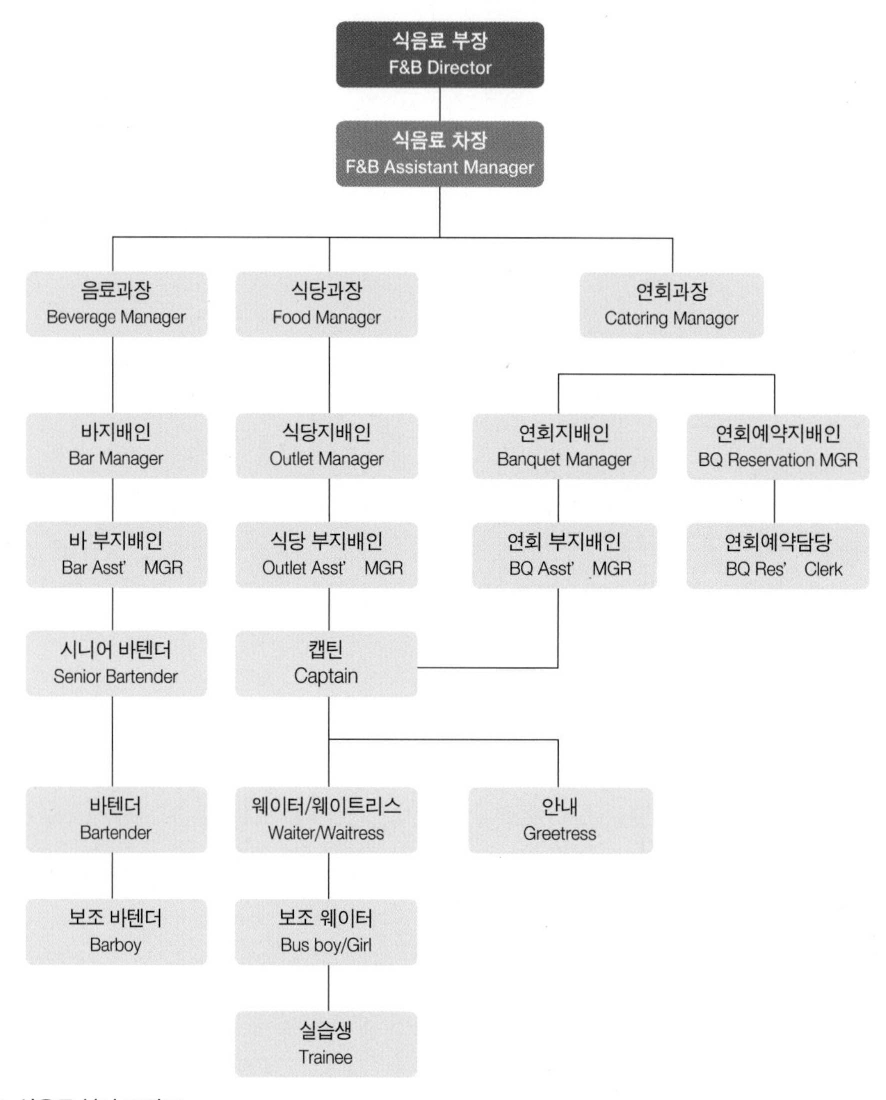

▲ 식음료 부서 조직도

3. 식음료 부서의 직급과 업무

직급은 조직이나 회사 내에서 개인의 직무나 책임 범위를 나타내는 계급이나 직책을 의미한다. 호텔 내 직급의 유형과 그에 따른 주요 업무를 살펴보면 다음과 같다.

1) 식음료 부장

식음료 부장(F&B Director)은 식음료 부서 또는 팀을 이끄는 관리자이다. 부장은 호텔 경영진의 일원으로 호텔의 주요 사업과 관련된 결정에 참여하고, 식음료 부서의 전반적인 운영과 관련된 정책을 수립하고 책임을 진다. 호텔에 따라 식음료 부장이 조리 부서를 함께 관장하는 경우도 있다.

2) 식음료 차장

식음료 차장(F&B Assistant Manager)은 부장 바로 아래의 책임자로서 부장의 직무를 보좌하고 각 부서 과장들과의 업무 소통을 통해 각 부서의 원활한 업무수행을 관리 감독한다. 상황에 따라 부장의 업무를 분담하거나 부장 부재 시 업무를 대행한다.

3) 식음료 과장

식음료 과장(F&B Manager)은 특정 영역 또는 팀의 업무를 관리하는 중간관리자이다. 각 식당의 운영상태 및 문제점을 파악하여 보고하고, 자신의 팀이나 업무 영역을 실질적으로 총괄하면서 팀원들의 업무 분배와 지도를 담당한다.

4) 업장 지배인

업장 지배인(Outlet Manager)은 담당 영업장의 영업을 책임지고 관리한다. 식당의 실무 책임자로서 영업장 관리뿐만 아니라 고객관리, 종사원의 근무스케줄 및 업무분장, 고객불평 처리, 종사원의 교육훈련, 관련 부서와의 업무협조 등을 담당한다. 일반적으로 대리급에 해당하는 직급이다.

5) 캡틴

캡틴(Captain)은 지배인 바로 아래의 직급으로서 지배인을 도와 영업장의 실무를 수행하며, 지배인 부재 시 업무를 대행한다. 영업장의 접객책임자로서 웨이터와 웨이트리스를 지휘하면서 그날의 예약자 확인과 수요예측에 따른 테이블세팅, 종사원의 복장이나 용모 점검, 고객의 영접과 환송 등 실무적인 업무를 함께 수행한다. 일반적으로 주임급에 해당하는 직급이다.

6) 리셉셔니스트/그리트리스

리셉셔니스트(Receptionist) 또는 그리트리스(Greetress)는 영업장의 예약과 안내 업무를 담당한다. 이 외에 예약고객의 좌석 배치와 안내, 고객의 영접과 환송, 영업장 내 페이징 서비스(paging service), 주문전표와 계산서 관리 등의 업무를 담당한다.

7) 웨이터, 웨이트리스

웨이터(Waiter) 또는 웨이트리스(Waitress)는 캡틴의 지시하에 영업장에서 고객에게 대면 서비스 업무를 담당한다. 주로 테이블세팅, 서비스 용품 체크, 음식 주문과 제공서비스, 테이블 재정비, 영업장 청결 유지 등의 업무를 담당한다.

8) 와인 소믈리에

와인 소믈리에(Sommelier)는 레스토랑에서 고객이 주문한 요리와 어울리는 와인을 손님에게 설명하고 추천하여 판매하는 업무를 전문으로 하는 직원을 말한다. 따라서 요리와 와인에 대한 풍부한 지식을 갖추고, 고객의 와인 선호도를 파악하여 설명할 수 있는 커뮤니케이션 능력을 지녀야 한다.

9) 바텐더

바텐더(bartender)는 카페나 바의 카운터에서 주문을 받고 칵테일 등을 만들어 판매하는 직원이다. 바텐더는 칵테일 만드는 기법과 알코올음료에 대한 해박한 지식을 가지고 있어야 하며, 다양한 고객들과의 커뮤니케이션 능력을 겸비하면 좋다.

10) 버스보이

버스보이(Busboy)는 식당에서 웨이터의 일을 돕는 보조 웨이터로 대개 근무 경험이 짧은 초보 웨이터를 말한다. 주로 주방에서 주문 음식을 가져오거나 식사 후 테이블 및 기물 치우기, 접시 닦기, 냅킨 접기, 업장 청소 등을 담당한다.

11) 실습생

실습생(Trainer)은 방학 기간을 이용하여 대학에서 이미 배운 이론을 토대로 호텔의 영업장에서 일정 기간 실제로 근무하면서 실무를 경험해보는 교육 실습생이다. 웨이터의 업무를 보좌하면서 냅킨 접기나 테이블세팅, 업장 청소 및 기물 정리, 고객에게 물, 커피 등의 간단한 서비스를 제공한다.

제 2 절 호텔 식음료 업장의 종류

호텔의 식음료업장은 일반적으로 음식을 전문적으로 판매하는 식당부서와 음료를 판매하는 음료부서 그리고 단체고객을 대상으로 연회 상품을 판매하는 연회부서로 구분한다. 본 절에서는 식당부서와 음료부서에 대해 설명하고, 연회부서의 경우 10장에서 자세히 다루기로 한다.

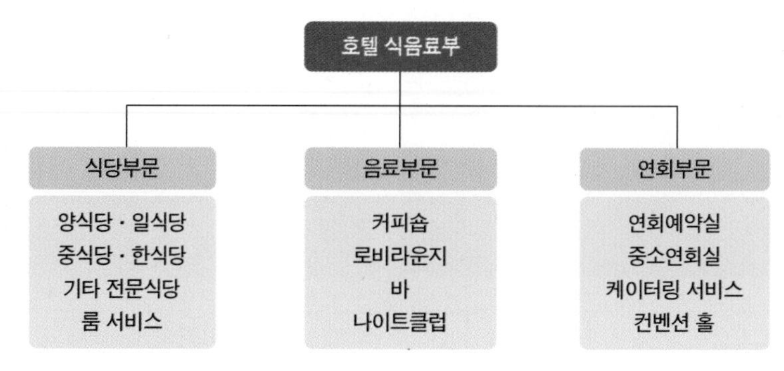

▲ 호텔 식음료업장의 구분

1. 식당의 종류

호텔 식당의 종류는 고급호텔일수록 다양한 업장을 운영하는 것이 일반적이다. 보통은 제공되는 음식과 서비스에 따라 양식당, 한식당, 중식당, 일식당, 카페, 그릴, 뷔페 등 최대 10여 가지 유형의 레스토랑이 있으며, 양식당은 다시 어느 나라 음식을 취급하느냐에 따라 프렌치 레스토랑, 이탈리안 레스토랑, 그릴 등으로 세분화하고 있다. 본 장에서는 호텔에서 운영되고 있는 10가지 유형의 레스토랑을 소개하기로 한다.

1) 프렌치 레스토랑

프렌치 레스토랑(French Restaurant)은 스테이크 등 육류 중심의 풀코스 요리를 판매하는 호텔의 대표적인 양식당으로 격조 있는 프랑스 요리와 식탁의 조화를 강조하는 테이블 문화가 큰 비중을 차지한다.

프랑스 요리의 특징은 요리에 사용되는 소스만 해도 수백 가지가 넘으며, 거위간, 송로버섯, 달팽이, 쇠고기 안심과 등심 스테이크 등 다양한 고급 요리와 질 좋은 와인 등으로 오늘날 서양요리를 대표하고 있다. 반대로 화려한 음식문화를 자랑하는 프랑스인들의 아침 식사는 의외로 간단하다. 바게트(Baguette)나 크로와상(Croissant)과 같은 빵 한 조각과 우유를 많이 넣은 커피 한잔으로 아침식사가 생활화되어 있어 영국이나 미국의 푸짐한 아침 식사와는 대조를 이루고 있다. 서울지역 5성급 호텔 중에는 시그니엘호텔이나 롯데호텔, 신라호텔 등에서만 운영되고 있다.

▲ 롯데호텔서울 프렌치 레스토랑 '피에르 가니에르' 전경

2) 이탈리안 레스토랑

이탈리안 레스토랑(Italian Restaurant)은 피자, 스파게티, 파스타 등으로 대표되는 이탈리안 요리와 다양한 와인 등을 판매하는 레스토랑이다. 이탈리아 요리는 지중해 연안의 풍부한 해산물과 치즈, 올리브유를 많이 사용하며, 바질(basil)과 함께 마늘을 좋아하는 우리나라 사람들의 취향과 잘 어울리는 스파게티, 피자, 라자냐, 리조트 등이 유명하다.

이탈리아인들은 이탈리아 음식에 대한 자부심이 강하며, 맥도날드가 로마와 밀라노에 단 두 개만 있을 정도이다. 그들이 음식에 대해 보수적인 것은 아니며, 다만 아무리 바빠도 먹을 시간은 꼭 찾아서 먹는 것을 즐긴다는 원칙을 갖고 있기 때문이다. 서울지역에서는 포시즌스호텔과 웨스틴조선호텔에서 이탈리안 레스토랑을 운영하고 있다.

▲ 콘래드 서울의 이탈리안 레스토랑 'ATRIO' 업장 전경

3) 그릴

그릴(Grill)은 유럽식 정통 레스토랑으로 스테이크, 생선, 파스타 등 최고급 요리는 물론이고, 세계 각국의 와인을 즐길 수도 있다. 호텔에서는 주로 일품요리(A la Carte)를 제공하며, 수익을 증진시키고 고객의 기호와 편의를 도모하기 위해 그날의 특별요리(Daily Special Menu)를 제공하기도 한다.

일반적으로 호텔의 그릴식당에서는 아침, 점심, 저녁식사가 계속해서 제공되지만, 호텔에 따라 점심과 저녁만 제공되는 호텔들도 있다.

▲ **콘래드 서울의 최고층에 위치한 '37 GRILL & BAR' 전경** 이곳에서는 소고기와 가금류, 신선한 해산물 등의 그릴 요리와 와인을 곁들인 파인 다이닝을 즐길 수 있다.

4) 카페

프랑스어에서 차용한 영어의 카페(cafe)는 '커피'라는 뜻의 터키어 'kahve'에서 유래하였는데, 일반적으로 가볍게 식사를 하거나 차를 마실 수 있는 소규모 음식점을 의미한다.

그러나 최근에는 특급호텔을 중심으로 식음료업장의 한 부서로 카페식당이 개설되어 운영하는 추세이며, 호텔의 카페식당에서는 커피와 차, 가벼운 식사와 일품요리 등을 즐길 수 있으며, 뷔페를 운영하기도 한다.

▲ **JW메리어트호텔 서울의 카페 레스토랑 'Cafe One' 전경**

5) 한식당

한식당(Korean Restaurant)에서는 일반적으로 궁궐의 상차림과 같은 전통 궁중 요리와 다양한 특선 정식요리, 일품요리 등을 판매하고 있다. 한국요리는 서양요리와 달리 한두 가지씩 차례대로 먹는 시간전개형 식사법이 아닌 모든 요리를 한 상에 차려 놓고 먹는 공간전개형 식사법이 발달하였다. 쌀밥을 주식으로 하고 채소, 생선류, 육류를 반찬으로 하는 분리가 뚜렷한 것이 특징이다.

호텔의 한식당 운영은 한류와 K-푸드의 영향으로 선호도가 높아지는 추세를 보이고는 있지만, 반면에 호텔의 음식 가격에 비해 주변의 일반 고급 한식당들과 음식 메뉴나 질적인 면에서 별다른 차이가 없어 경쟁력이 약화 되는 어려움에 직면하고 있다. 서울지역에서는 전통적으로 롯데호텔이나 신라호텔, 그랜드워커힐호텔에서 한식당을 운영하고 있으며, 그랜드하얏트호텔이나 포시즌스호텔에서는 퓨전 스타일의 한식당을 운영하고 있다.

▲ 롯데호텔 서울의 한식당 '무궁화' 전경

6) 중식당

호텔의 중식당(Chinese Restaurant)은 인기 있는 식당 중 하나이다. 따라서 대부분의 5성급 호텔에서는 중식당을 운영하는 추세이다. 중국인들은 한 가지 식재료를 전부 먹는 것이 건강에 좋다고 여겨 어떤 재료라도 버리는 부분이 없다. 예를 들어 닭요리를 할 때 껍질, 볏, 발까지 요리재료로 사용하며, 식재료의 한계를 두지 않아

상어지느러미, 제비집, 원숭이, 곰 발바닥 같은 특이한 재료를 사용하기도 한다.

조리법에서도 튀긴 후 볶거나 삶은 후 튀기는 등 두 가지 이상의 조리법이 사용되고, 요리의 90% 이상이 기름에 볶거나 튀기는 요리이다. 기름을 많이 사용하는 만큼 고온으로 단시간 요리해서 재료의 맛을 유지하고 영양분을 파괴하지 않으며, 칼로리 높은 요리를 만드는 것이 중국요리의 특징이다.

▲ 웨스틴 조선 서울의 중식당 'Hong Yuan' 전경

7) 일식당

호텔의 일식당(Japanese Restaurant)은 인기 있는 식당이다. 따라서 대부분의 5성급 호텔에서는 일식당을 운영하는 추세이다.

일본요리의 특징은 '먼저 눈으로 먹고, 다음은 입으로 먹으며, 마지막으로 마음으로 먹는다'라는 말이 있듯이, 요리의 색채, 배합 그리고 식기의 빛깔 등이 조화를 이루고 있다. 신선한 재료 자체의 맛을 살리기 위해 생선류, 채소류 등을 날것으로 조리하는 음식이 많아 위생적인 면을 중시하고, 음식의 양은 조금씩 담아 음식 맛에 매력을 느낄 수 있도록 하는 것이 특징이다.

▲ **임피리얼 팰리스호텔 일식당 '만요' 내부 전경** 일식당 '만요'에서는 일식의 극치라 할 수 있는 회석요리와 즉석요리 등 정통 일식을 선보이고 있다.

8) 뷔페

뷔페 레스토랑(Buffet Restaurant)은 식당 내에 전시되어 있는 모든 코스별 요리를 고정된 가격에 자기 양껏 선택해 먹을 수 있는 셀프서비스 식당으로 일반 고객들에게 가장 인기 있는 레스토랑이다.

뷔페는 고정된 장소와 고정된 시간에 연중무휴로 영업하는 오픈 뷔페(open buffet)와 계약된 시간과 장소에서만 일시적으로 영업하는 클로즈 뷔페(close buffet)가 있다. 대부분의 5성급 호텔에서는 뷔페 레스토랑을 운영하고 있다.

▲ **롯데호텔 뷔페식당 '라세느' 내부 전경** 현대식 스타일의 업장 분위기와 함께 국내 최대의 오픈 키친으로 한 · 중 · 일식 등 각 코너별 전문요리사가 직접 요리를 하는 오픈 키친 뷔페이다.

9) 델리카티슨

델리카티슨(Delicatessen)을 줄여서 델리(Deli)라고 한다. 델리는 소비자들이 간편하게 먹을 수 있는 음식을 파는 매장이라 할 수 있다. 호텔의 델리에서는 케이크, 빵, 초콜릿, 쿠키에서부터 커피, 생과일주스, 세계 각국의 와인까지도 판매하고 있다. 호텔에 따라 매장의 테이블에 앉아 편안히 음식을 먹으며 대화할 수 있는 휴식 공간까지도 별도로 마련하고 있다.

최근에는 '웰빙' 트랜드에 발맞춰 유기농 샐러드, 샌드위치 등의 기능성 제품과 더불어 테이크 아웃(take-out)용 피자까지 선택의 폭을 넓힌 다채로운 아이템을 선보이고 있다. 대부분의 5성급 호텔에서는 델리 숍을 운영하고 있다.

▲ 콘래드 서울의 델리숍 '10 G' 업장 전경

10) 룸서비스

룸서비스(Room Service)는 객실 고객으로부터 식음료 주문을 받고 객실까지 직접 식음료를 배달해 주어 고객이 객실에서 편안히 식사할 수 있도록 해주는 업장이다. 과거에는 룸서비스가 구색 맞추기 식의 부서로 인식되었으나 최근에는 '프라이빗 다이닝(Private Dining)', '인 룸 다이닝(In Room Dining)'이라 불리며 추가적인 매출 증대에도 기여하고 있다. 서비스 측면에서도 VIP고객이나 일반 고객들이 자신의 노출을 꺼리는 경우 프라이버시 유지가 가능하고, 격식을 차리지 않고 객실에서 편안히 식사할 수 있다는 점이 장점이다.

▲ 룸서비스 직원의 업무 전경

표 3-1 서울지역 주요 5성급호텔 식당 운영 현황

구분	프렌치 식당	이탈리안 식당	그릴	한식당	중식당	일식당	뷔페	카페	델리	룸 서비스
그랜드하얏트			○	○ (퓨전철판)		○	○		○	○
그랜드워커힐				○	○		○		○	○
그랜드 인터컨티넨탈					○	○	○		○	○
롯데호텔	○			○	○	○	○		○	○
콘래드		○	○				○		○	○
신라호텔	○			○	○	○	○		○	○
웨스틴조선		○	○		○	○	○		○	○
포시즌스		○		○	○	○	○		○	○
JW메리어트						○	○	○	○	

* 자료 : 호텔 홈페이지(2024년 기준)

2. 음료 업장의 종류

호텔의 주장(酒場)은 주로 음료(beverage)를 판매하는 업장으로, 식당이 음식을 제공하는 공간이라면, 음료업장은 모든 종류의 알코올성 음료와 비알코올성 음료를 준비하여 고객에게 휴식과 맛은 물론, 여흥의 즐거움까지도 제공한다.

음료업장은 원가율이 낮아 식음료업장 중에서도 많은 이윤을 기대할 수 있는 부서 중의 하나이다. 간단한 칵테일에서부터 고급주류에 이르기까지 다양한 음료를 판매하고 있다.

1) 커피숍

커피숍(Coffee Shop)은 호텔의 식음료 업장 중 가장 기본적인 영업장으로 그 기능이 다양하다. 조식·중식·석식 시간에는 간단한 경양식을 판매하여 레스토랑의 기능을 가지며, 커피나 차 그리고 칵테일을 포함한 각종 음료를 판매하고 있어 바 라운지의 기능도 복합적으로 지니고 있다.

커피숍은 호텔의 식음료 업장 중 크게 격식을 요구하지 않아 고객들이 가장 대중적으로 편하게 이용할 수 있는 업장으로 5성급 호텔에서는 바&라운지 형태로 운영되는 경우가 대부분이고, 1~3성급 정도의 중소규모 호텔에서는 커피숍을 필수 업장 중 하나로 운영하는 경우가 많다.

▲ 그랜드워커힐 서울의 커피숍 '더 파빌리온' 업장 전경

2) 로비라운지&바

로비라운지&바(Lobby Lounge&Bar)는 장소와 위치에 따라 여러 형태로 분류할 수 있는데, 호텔 1층 로비 근처에 위치하는 로비라운지&바가 가장 일반적이다. 로비라운지&바에서 판매하는 메뉴로는 각종 커피와 차, 칵테일, 가벼운 스낵류 등이 있다.

그 밖에 위치에 따라 고층의 경치가 좋은 곳에 위치한 스카이라운지 바, 호텔의 귀빈층에 위치한 칵테일 라운지, 수영장에 위치한 바 등이 있으며, 이들을 통틀어 라운지 바라고 할 수 있다. 대부분의 5성급 호텔에서는 전통적인 커피숍 기능과 함께 바의 기능까지도 겸할 수 있는 로비라운지&바를 운영하는 추세이다.

▲ 그랜드인터컨티넨탈 서울 파르나스의 로비라운지&바 전경

3) 멤버십 바

멤버십 바(Membership Bar)는 호텔 투숙객이나 호텔 회원제에 가입된 고객과 일행들이 주로 편리하게 이용할 수 있도록 만들어진 음료부서이다. 일반적으로 멤버십 바에서는 라이브 공연을 보고 즐길 수 있어 흥겨움을 만끽할 수 있는데, 신선한 기분을 느낄 수 있는 팝 바, 감미로운 재즈가 흐르는 조용한 뮤직바 등을 갖추고 있다.

주 이용고객은 젊은층은 물론이고 중장년층까지 이용하고 있으며, 모든 주종에 대해 병 판매가 가능하고, 'Bottle Keeping Box'를 별도로 설치하고 있는 것이 특징이다. 일반적인 영업시간은 18:00~02:00 정도이다.

▲ **임피리얼 팰리스호텔 멤버스바 '마에스트로' 전경** '마에스트로' 멤버스 바는 회원전용 가라오케 4개, 별실 1개를 갖추고 감미로운 라이브공연과 함께 다양한 주류를 판매하고 있다.

4) 팝 바

팝 바(Pub Bar)의 Pub은 Public House의 약칭으로 대중적 사교의 장이란 의미이다. 호텔의 영업적 컨셉은 대중적 사교 장소로서, 라이브 공연이나 재즈 연주, 재즈풍의 장식을 갖추고 있는 영국식 선술집의 형태로 운영되는 업장이다.

대표적으로 그랜드하얏트서울호텔의 경우 팝 바인 J.J. Mahoney's를 운영하고 있다. 이곳 업장에는 라이브밴드의 공연이 있는 뮤직룸과 최신음향 및 조명시스템이 갖추어진 댄스플로어가 갖추어져 있고, 중앙에는 아일랜드 바가 있다. 이 외에도 다트와 당구실, 간단한 식사를 즐길 수 있는 룸과 야외테라스까지 9개의 각기 다른 공간으로 이루어져 있다.

▲ 그랜드하얏트 서울 호텔의 '제이제이 마호니스 바' 실내 전경

표 3-2 서울지역 주요 5성급호텔 음료업장 운영 현황

구 분	로비라운지&바	커피숍	바	팝 바
그랜드하얏트	○		○	○
그랜드워커힐	○	○		
그랜드 인터컨티넨탈	○			
롯데호텔	○		○	
콘래드	○		○	
신라호텔	○			
웨스틴조선	○		○	
포시즌스			○	
JW메리어트	○		○	

* 자료 : 호텔 홈페이지(2024년 기준)

PART 2

서비스 관리

Hotel Food & Beverage Service

Chapter 4 식음료 접객 서비스

Chapter 4 식음료 접객 서비스

제 1 절 식음료 종사자의 서비스 자세

1. 바른 몸가짐

1) 표정

표정은 마음과 직결되어 심성의 변화를 잘 표현하여 인간관계에서 첫인상에 많은 영향을 미친다. 바람직한 표정을 짓는 습관형성은 인격수양의 중요한 부분인 것이다.

(1) 얼굴의 표정

- 얼굴 전체를 부드럽고 온화하게 갖는다. 명랑한 얼굴표정은 상대방에게 즐거움과 행복감을 준다.
- 얼굴의 근육을 긴장시키거나 찡그리지 않는다. 딱딱한 얼굴은 상대가 겁을 먹고 찡그리면 추하게 보인다.
- 조작된 억지 표정을 짓지 않는다. 마음에 있는 대로 표정을 지어야지 억지 표정을 지으면 가식적으로 보인다.
- 갑작스럽게 표정을 바꾸면 안 된다. 온건하고 담담한 표정은 사람의 신중함을 나타낸다.

(2) 눈의 표정

- 눈을 자주 깜빡이는 버릇, 안구를 데굴데굴 굴리는 것 등은 상대방을 불안하게 만들어 좋지 못하다.
- 상대방을 아래위로 훑어보는 것은 불쾌감을 준다. 또 눈을 힐끔거리거나 슬쩍슬쩍 하면 더욱 보기 흉하다.
- 곱게 뜬 눈, 단정한 시선을 갖는다.

▲ 고객을 대하는 종사원의 얼굴과 눈의 표정

2) 용모

몸을 정결하게 하고 옷맵시를 깔끔하게 했더라도 몸가짐과 동작이 예의범절에 어긋나면 아무런 가치가 없다. 몸가짐은 행동 예절의 기초가 된다. 따라서 평소에 곧고 바르고 공손하게 행동해야 남의 앞에서도 예의바르게 행해진다.

▲ 여자직원의 바른 몸가짐과 용모

(1) 유니폼

- 바지는 항상 청결하고 무릎이 나오지 않도록 다림질을 해서 착용한다.
- 바지의 길이는 양말이 보이지 않을 정도로 착용한다.

- 단추가 떨어져 있거나 바느질이 터진 곳은 없는가를 확인한다.
- 먼지나 비듬 등이 묻어 있지 않도록 항상 손질한다.
- 주머니가 불룩하면 보기 흉하므로 불필요한 물건을 넣지 않는다.
- 만년필이나 볼펜은 안쪽 주머니에 넣어 꽂는다.
- 여성의 경우 스커트의 길이와 폭은 회사의 규정에 따른다.
- 앞치마는 깨끗하고 항상 다림질하여 착용한다.

(2) 와이셔츠

- 언제나 청결하고 주름이 없는 흰색 와이셔츠를 착용해야 하며 무늬가 있는 와이셔츠를 착용해서는 안 된다.
- 소매 끝, 깃 등이 깨끗하고 잘 다려진 와이셔츠를 착용한다.
- 소매길이는 상의소매에서 3~5mm 나오는 것이 가장 적당하다.
- 옷자락이 바지 밖으로 보여서는 안 된다.
- 흰색셔츠는 유니폼 속에 넣어 나오지 않도록 한다.

(3) 얼 굴

- 면도는 매일하여 단정한 인상을 주도록 하며, 콧수염도 주의하여 자주 자르도록 한다.
- 향이 강한 화장품은 사용하지 않는다.
- 바다나 산에서 지나치게 햇볕에 그을리지 않도록 한다.
- 시력이 좋지 않은 종사자는 콘텍트 렌즈를 사용하도록 한다.
- 얼굴에 난 종기, 상처 등은 빨리 치료한다.
- 여성의 경우 자연스러운 화장을 한다.
- 여성의 눈 화장은 자연스럽게 하고 속눈썹은 달지 않도록 한다.
- 립스틱은 연한 색으로 하고 짙은 색은 피한다.

(4) 두 발

- 항상 단정하게 빗질을 해야 한다.
- 장발, 파마는 금한다.
- 뒷머리는 짧게 깎아서 와이셔츠 깃에 닿지 않도록 한다.
- 옆머리는 귀가 덮이지 않도록 짧게 깎고 머리가 흘러내려 이마를 덮지 않도록 한다.
- 항상 청결히 하고 향이 강한 머릿기름은 사용하지 않는다.
- 여성은 긴 머리는 단정하게 묶고 흘러내리지 않도록 짧게 손질하여 활동하기 편하게 한다.
- 여성의 짧은 머리는 흑색으로 된 리본 또는 핀으로 청결하게 손질해서 부착한다.

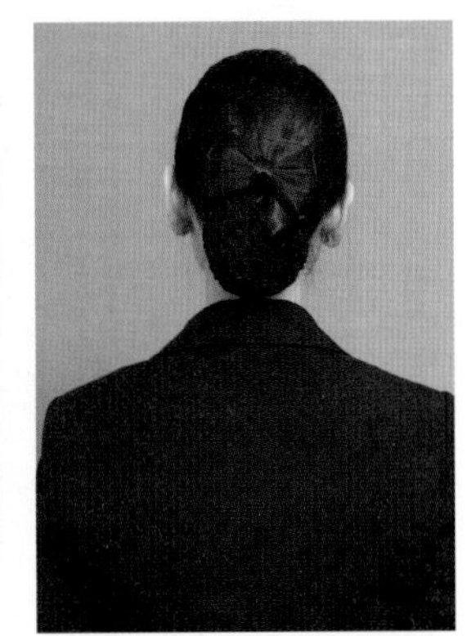

▲ 여자직원의 단정한 머리모양

(5) 손, 손톱

- 손은 항상 청결을 유지한다.
- 손톱은 짧게 깎아서 불순물이 들어가지 않도록 주의한다.
- 여성의 경우 색상이 있는 매니큐어는 피하고, 연한 색을 사용한다.

(6) 액세서리

- 귀걸이, 목걸이, 반지, 팔찌 등 액세서리는 근무 중엔 일절 착용치 않으며 고급 시계의 착용도 금한다.
- 다만, 약혼·결혼반지는 검소한 범위 내에서 허용한다.
- 시계는 손목 밑으로 흘러내리지 않도록 한다.
- 개인 핸드폰 등은 근무 중에 소지해서는 안 된다.

(7) 구두 및 양말

- 검정 단화가 원칙이며 장식이 달린 복잡한 것은 착용을 금한다.
- 언제나 광택이 나는 것을 착용해야 하며, 착용 후에는 잘 손질하여 보관하다.
- 뒤 굽이 닳은 것은 좋지 못한 인상을 주므로 주의한다.
- 검정 계통의 단일 색상을 선택하며, 화려한 색상은 금한다.
- 양말은 냄새가 나고 불결해지기 쉬우므로 1일 1회 갈아 신는다.

(8) 구 취

- 입 냄새에 주의하고 식후에는 반드시 이를 닦는다.
- 흡연 후 서비스할 경우에는 반드시 양치질을 한다.

3) 보행

걸음걸이는 그 사람의 품성, 교양 및 직업까지도 나타낸다. 그러므로 아름다운 걸음걸이를 걷도록 각자 연구하고 훈련을 쌓아야 한다. 몸을 좌우로 기우뚱거리거나 상하로 흔들지 말고 수평으로 걸어야 하며 신발 뒤꿈치를 끌지 말고 사뿐사뿐 경쾌한 발걸음이어야 아름답다.

- 바른 걸음걸이는 바른 자세에서 시작된다. 바로 선 자세로 등을 펴고 턱을 당기고 그대로 똑바르게 걸으면 된다.
- 복도에서 중앙은 손님의 전용 통로로 생각하고 우측으로 걷도록 하며 코너에서는 주의해서 돌도록 한다.

- 복도에서는 상사나 손님을 앞지르지 않는 것이 원칙이다. 급한 용무나 부득이 한 때는 반드시 "실례합니다"하고 사과를 한 다음 앞지른다.
- 손님이나 상사와 엇갈릴 때는 공손히 반절을 한다.
- 여럿이 걸을 때는 종으로 걸으며, 횡으로 통로를 가리는 일이 없도록 한다.
- 손님을 안내할 때는 손님에게 유의하면서 조심성 있게 한 걸음 앞에서 선도한다. 손님을 수행할 때는 손님의 좌측 1보 뒤 또는 후방에서 걷는다.
- 보행 중에는 담배를 피우거나 껌을 씹으며 다녀서는 안 된다.
- 보행 중에는 주머니에 손을 넣거나 팔짱을 끼거나 뒷짐을 져서는 안 된다.

4) 인사

인사를 할 때는 진심으로 환대하는 마음이 전달되어야 하며, 정중하면서 예의 바르게, 밝고 상냥하게 해야 한다. 인사의 요령은 〈표 4-1〉과 같다.

표 4-1 인사의 자세

구 분	가벼운 인사	정중한 인사	매우 정중한 인사
인사의 각도	15도	30도	45도
용 도	– 걷다가 고객이나 상사와 마주쳤을 때 – 고객이 업장입구에 도착했을 때	고객이 나갈 때 감사인사	고객에게 감사인사 또는 사과할 때
시 선	발끝에서 2m 앞	발끝에서 1m 앞	발끝
양손 위치	– 남자는 차렷 자세에서 주먹을 가볍게 쥐고 바지 재봉선에 위치 – 여자는 오른손을 왼손에 얹어 아랫배에 가볍게 위치		
표정과 자세	– 다리는 곧게 펴고 엉덩이는 뒤로 빼지 않는다 – 얼굴표정은 가볍게 미소를 띈다 – 허리에서 머리까지 일직선을 유지한다 – 눈을 치켜 뜨지 않는다		

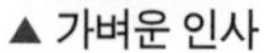

▲ 가벼운 인사

▲ 정중한 인사

▲ 매우 정중한 인사

5) 문을 열고 닫을 때

- 앞으로 당겨서 여는 문
  - 손잡이 가까이 있는 손으로 잡고 당긴다.
  - 당긴 채로 비켜서서 고객이 들어가도록 안내한 후 마지막으로 들어간다.
- 밀어서 여는 문
  - 손잡이 가까이 있는 손으로 잡고 민다.
  - 먼저 안으로 들어가서 안쪽 손잡이를 잡고 맞아들인다.
  - 이때 머리만 내밀지 말고 몸의 반 정도가 보이는 위치에 선다.
- 미닫이 문 : 미닫이문을 이용할 때에는 자기 몸이 드나들 만큼 열어야 하는데, 조금 열어서 몸이 미닫이 양편에 부딪친 후에 더 열고 들어가는 사람도 있다. 처음부터 문을 넉넉하게 열든지 아니면 몸을 비스듬히 하여 들어갈지를 미리 생각하여 행동해야 한다.

6) 대기

대기라는 것은 손님이 오는 것을 기다리는 것이고 또 내방한 손님에게 "어서 오십시오"라고 손님에게 가까워질 수 있는 절호의 기회를 갖는 것이다. 대기의 기본적인 원칙을 살펴보면 다음과 같다.

- 뒷짐을 지거나 팔짱을 껴서는 안 된다.
- 종사자 간의 사담이나 고객과의 장시간 대화는 피한다.
- 대기 중에는 얼굴이나 머리 등에 손을 대지 않는다.
- 기침, 재채기, 고음 등을 내어서는 안 된다.
- 고객을 손가락으로 가리키거나 평을 해서는 안 된다.
- 대기의 위치는 홀 전체를 볼 수 있는 곳에서 위치한다.

▲ 호텔의 업장에서 대기중인 종사자의 바른 자세

2. 대화예절

올바른 언어의 사용 여부에 따라서 그 사람의 인상에 대한 평가가 달라진다는 것을 결코 잊어서는 안 된다. "미안합니다"라고 말하는 것과 "정말 무어라고 말씀드릴 수 없습니다. 죄송합니다"라는 말을 비교해 보면 전자는 손님이 받는 인상으로서 성의를 느낄 수 없고 또 소홀하게 얕보는 느낌을 받는다. 후자는 전자에 비해서는 성의와 정중함이 있고 그 말 자체에서 품위를 느끼게 된다. 따라서 고객과의 대화예절을 익히는 것은 매우 중요하다.

1) 접객화법

- 명령형을 피하고 의뢰형을 사용
  명령형은 듣는 사람의 의지를 전혀 무시한 일방적인 강요인 것에 비해 의뢰형은 상대의 의지를 존중한 뒤에 부탁을 하고 있는 것이다.
  예) "죄송합니다만 좌석을 당겨 앉아 주십시오" (명령형)

"죄송합니다만 좌석을 당겨주시지 않으시겠습니까" (의뢰형)

- 부정형을 피하고 긍정형을 사용
  부정형이라는 것은 "그렇지 않습니다"라고 부정하는 것이고 긍정형이라는 것은 "그렇습니다"라고 상대의 말을 인정하는 것이므로 부정형은 듣기 거북하나 긍정형은 듣기 쉽고 좋다.
- 손님의 반응을 보면서 대화한다.
  접객원이 말하고 있는 사항이 손님에게 어떻게 이해되고 있는가를 확인하면서 대화를 계속하지 않으면 대화가 잘 진행되지 않을 수가 있다.
- 마이너스·플러스법
  예) 조금 비싸기는 하지만 굉장히 튼튼합니다(마이너스 ⇒ 플러스 = 플러스).
  굉장히 튼튼하지만 조금 비쌉니다(플러스 ⇒ 마이너스 = 마이너스).
- 반 토막말의 사용을 금한다.
  예) 잠깐만요⇒ 잠깐만 기다려 주시겠습니까?

2) 대표적인 접객용어

- 어서 오십시오.
- 죄송합니다.
- 기다리게 해서 죄송합니다.
- 또 오십시오.
- 이쪽으로 오십시오.
- 잠깐만 기다려 주십시오.
- 대단히 감사합니다.

3. 전화예절

1) 전화응대의 예

(1) 수화기를 들 때

- 감사합니다. OO호텔 홍길동입니다.

(2) 문의 또는 상대를 확인할 때

- 좀 여쭈어 보겠습니다만
- 실례하지만 어느 분이십니까?

(3) 대답할 때

- 예! 그렇습니다.
- 예! 잘 알겠습니다.

  * 주의 : 걸려온 전화를 받을 때 예! 예! 라는 반복 대답은 하지 않는다.

(4) 인사할 때

- 안녕하십니까? 항상 도와주셔서 감사합니다.
- 지난번은 정말 감사했습니다. 앞으로도 잘 부탁드립니다.

(5) 기다리게 할 때

- 죄송합니다만 잠시만 기다려 주십시오.
- 오래 기다리게 해서 정말 죄송합니다.

(6) 부탁할 때

- 수고스러우시겠습니다만 잘 부탁드립니다.
- 바쁘신 데 죄송합니다만 잘 부탁드리겠습니다.
- 죄송합니다만 다시 한 번 말씀해 주시겠습니까?

(7) 거절할 때

- 모처럼이신데 저희로서는 모시기가 어렵겠습니다.
- 죄송합니다만 그 점은 저희 회사 규칙상 말씀드릴 수 없게 되어 있습니다.

(8) 사과할 때

- 드릴 말씀이 없습니다. 정말 죄송합니다.
- 신경을 쓰지 못해서 대단히 죄송합니다.

(9) 전화 받을 사람이 부재중일 때

- 죄송합니다만 홍길동 씨는 마침 회의 중(외출 중)입니다.
- 메모를 남기시겠습니까?
  * 통화 끝에 반드시 자신(받은 사람)의 소속과 성명을 분명히 알린다.

2) 전화통화시 유의사항

- 상대방에게 전화를 걸어도 좋을지 생각한다(시간, 장소, 상황 고려).
- 전화를 이리저리 돌리지 아니한다. 상대편의 용건을 정확하게 파악한 후 가능한 정확한 담당자에게 전화를 바꾸어 준다.
- 옆 사람이 통화중일 때는 소음을 내지 아니한다.
- 전화내용의 전달은 본인에게 직접 해야 한다.
- "잠깐만 기다려 주십시오"는 30초~1분을 의미한다.
- 상대방의 말을 가로막지 말아야 한다.
- 교환에 전화를 부탁하였을 때에는 자리를 떠서는 안 되고, 부득이한 경우에는 가까이 있는 사람에게 용건 등을 부탁한다. 그리고 통화가 불필요하게 되었을 때에는 즉시 취소한다.
- 불필요한 용어는 사용하지 아니한다.
  "여보세요", "그런데요", "뭐라고요", "있잖아요" 등의 어구는 불필요한 용어이다.
- 전화기와 입과의 거리는 5~6cm가 적당하다.
- 통화중 전화가 끊어졌을 때에는 비록 상대방에게서 걸려온 전화라 하더라도 먼저 다시 건다. "통화중에 전화가 끊어져서 죄송합니다."라고 인사한 후 통화를 계속한다.

제 2 절 접객 서비스 순서

1. 예약

예약은 고객이 직접 방문하거나, 전화, 인터넷, 판촉사원을 통한 대리예약 등의 방법으로 접수된다. 레스토랑에 예약제도가 있는 경우에는 예약하고 찾아 온 고객이, 예약 없이 찾아 온 고객보다 좌석의 우선권을 부여받는다.

예약을 받게 되는 직원은 예약 접수장부에 다음과 같은 기재사항을 정확히 기재하여야 한다.

- 고객 또는 주최자의 성함을 여쭈어 기입한다.
- 식사의 성격, 예약 인원수, 예약시간을 기입한다.
- 어린이나 노약자 등의 동반여부를 여쭈어 기입한다.
- 예약 메뉴와 요구사항(케익, 와인, 안내문) 등을 여쭈어 기입한다.
- 고객이 예약하고자 하는 시간에 빈 테이블이 없으면 대안을 마련하여 제안한다.
  예) 다른 시간대를 제안한다.
  예) 호텔 내의 다른 레스토랑을 권유한다.
  예) 같은 시간대로 다른 날 예약할 것을 제안한다.

2. 영접

고객의 영접 및 환송 서비스는 영업장 지배인(outlet manager)이 주로 담당하지만, 모든 직원의 임무이기도 하다. 영접서비스의 요령은 다음과 같다.

- 영접 담당자는 레스토랑 입구에서 단정한 자세로 대기하고, 고객이 입장하면 밝은 얼굴로 신속하고 친절하게 맞이한다.
- 적절한 인사말과 함께 예약여부를 확인한다.
- 단골고객의 경우 이름이나 직함을 불러 친밀감을 표시한다.
- 예약고객이 아닌 경우 인원수를 확인한다.

▲ 고객을 영접하고 안내하는 종사원의 모습

3. 안내

고객을 적정한 테이블로 안내하는 일은 고객에게 즉각적인 환영을 느끼게 하며, 고객의 기분을 좋게 만든다. 안내 서비스의 요령은 다음과 같다.

▲ 고객을 테이블로 안내하는 모습

- 지정된 장소로 고객을 안내할 때에는 고객의 우측 2~3보 전방에서 이동하면서 손바닥을 펴고 손등을 아래로 오도록 하여 방향을 제시한다.
- 예약고객일 경우 사전에 준비된 테이블로 안내한다.
- 예약고객이 아닌 경우 인원수를 확인 후, 고객이 원하는 테이블 위치로 안내한다.
- 테이블이 만석일 경우, 양해를 구하고 대기실로 안내하며 대기시간을 알림과 동시에 대기자 명단에 기록한 후 차례대로 배정한다.
- 외국인이나 호화로운 고객은 홀의 중앙으로 안내하여 시선을 끌도록 한다.
- 연인이나 혼자인 고객은 벽쪽의 전망이 좋은 창가로 배정한다.
- 노약자나 신체부자유자는 출입이 용이한 입구쪽으로 배정한다,
- 단체의 경우 구석진 곳이나 분리된 테이블로 안내한다.
- 홀의 한쪽으로 편중되지 않도록 좌석 안내를 한다.

4. 착석 및 보관서비스

1) 착석서비스

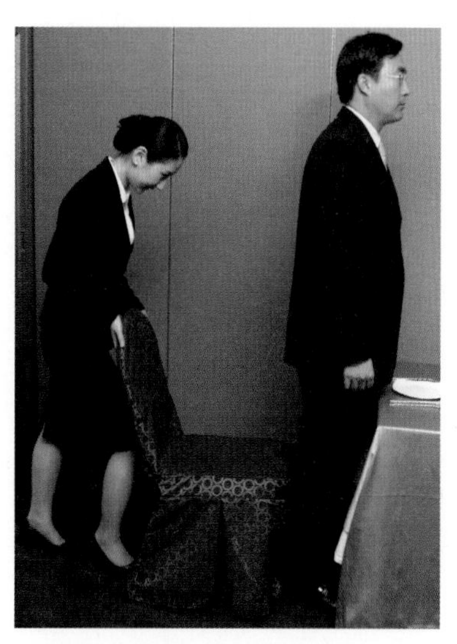
▲ 고객의 착석을 도와주는 모습

- 고객의 수에 따라 사용되지 않는 테이블에 세팅된 기물은 치우고, 어린이가 있는 경우 어린이용 의자를 제공한다.
- 고객이 자리에 앉기 쉽게 두 손으로 의자를 가볍게 빼주고, 고객이 착석한 후 한쪽 무릎을 사용하여 살며시 밀어준다.
- 착석이 끝나면 테이블 담당자에게 인계하고 원위치로 돌아온다.

2) 보관서비스

뷔페나 스탠드 파티와 같은 행사에서는 고객이 소지한 물품의 관리가 어려우므로 이 같은 경우 클럭 룸(cloak room)에 고객의 물품을 보관해 주는 서비스이다.

- 보관을 원할 때는 보관표(tag)를 본인에게 주고, 보관품을 보관한다.
- 나갈 때는 보관표의 번호를 확인하고 대조한 후 돌려준다.

5. 물과 메뉴제공

1) 물 제공 서비스

- 고객이 테이블에 착석하게 되면 가장 먼저 그 스테이션에 배정된 종사원이 물잔에 물을 채운다.
- 물을 따를 때는 물잔이 고객의 오른쪽에 있으므로 고객의 우측에서 오른손으로 따른다.

- 물주전자는 오른손으로 손잡이를 쥐고, 왼손으로는 암 타월로 받쳐 들어 물방울이 흐르지 않도록 표면을 닦아가면서 서브한다.
- 물의 양은 적당히 조절해서 물 주전자 바닥의 물까지 따르지 않도록 한다.
- 고객이 퇴장할 때까지 물을 보충해 준다.

▲ 고객에게 물을 따라주는 모습

2) 메뉴제공

- 메뉴판을 제시하기 전에 메뉴판의 청결상태를 확인한다.
- 메뉴판을 제시하면서 "메뉴 보시겠습니까?" 하고 말을 건네고, 개인당 한 장씩 나누어 드린다.

▲ 고객에게 메뉴판을 보여주는 모습

6. 주문 받기

고객에게 메뉴를 제시하고 메뉴를 충분히 숙지할 수 있는 시간적 여유를 준다. 고객이 메뉴에 대한 설명을 요구하거나 특별한 설명이 필요한 메뉴에 대해서는 정중하고 친절하게 설명하면서 업장의 매출증가에도 도움이 되도록 주문을 받는다. 주문받는 요령은 다음과 같다.

1) 주문기법

▲ 고객의 주문을 메모하고 있는 모습

- 양발을 모으고 양팔은 겨드랑이에 자연스럽게 붙이고, 양손은 주문서와 필기구를 들고 허리를 15° 정도 숙이고 고객의 얼굴을 주시하면서 공손하게 받는다.
- 주문은 최초로 주문한 고객을 기준으로 시계방향으로 연장자 → 여자 → 남자 → 호스테스 → 호스트 순으로 받는다.
- 주문내용은 통일된 약자로 기재하고 주문사항을 복창하여 재확인 한다.
- 주문서(check) 작성은 날짜, 테이블번호, 고객수, 담당자, 요리이름, 수량, 특별주문 등이 틀리지 않도록 정확히 작성한다.
- 시간이 오래 걸리는 음식은 소요시간을 알려 준다.
- 요리 주문이 끝나면 와인리스트(wine list)나 음료리스트(beverage list)를 제시하고, 식전주(Aperitif)와 식사에 어울리는 외인을 추천한다(와인의 전문추천은 소믈리에가 한다).
- 고객이 둘 이상인 경우 계산서 작성은 한 장(one bill)으로 할 것인지, 각각(separate check)으로 할 것인지 확인한다(특히 외국인의 경우).
- 주문이 끝나면 감사의 표시로 정중히 인사하고 물러난다.
- 주문서(전표) 3매 중 원본은 주방으로 보내고, 한 장은 고객에게, 나머지 한 장은 캐셔(Cashier)에게 보낸다.

2) 주문 접수시 유의사항

- 메뉴를 설명할 때는 고객이 이해하기 힘든 용어는 사용하지 않는다.
- 고객보다 아는 체 해서는 안 된다.
- 오늘의 특별요리가 무엇이며, 함께 제공되는 소스 등이 어떤 종류인지 사전에 숙지한다.
- 바쁜 고객에게 권할 만한 음식의 종류를 파악한다.
- 시간이 오래 걸리는 메뉴의 조리시간을 숙지하고, 기다리는 동안 추천할만한 애피타이저 등을 주방과 협의하여 판매한다.
- 육류요리는 굽는 정도, 계란요리는 익히는 정도, 샐러드는 드레싱의 종류 등을 물어 보고 기재한다.

표 4-2 메뉴 주문시 확인사항

품 목	분 류
Eggs	조리방법(scrambled, fried, poached, boild...)
Fried Eggs	프라이 정도(Sunny Side, over easy...)
Meats	굽는 정도(rare, medium, well done...)
Salad	드레싱 종류(French, Italian, Thousand Island....)

3) 주문서 기록시 약어사용

메뉴에 나와 있는 각종 요리명은 대부분 길게 설명되어 있다. 따라서 고객이 요리 주문시 웨이터는 메뉴 주문서에 호텔에서 일반적으로 사용되는 약어(Abbreviation) 표기를 사용하고 있다.

표 4-3 주문 기록시 약어 표기

코스	메뉴품목	약어	코스	메뉴품목	약어
Appetizer	Fruit Cocktail Orange Juice Tomato Juice	FrC OJ TJ	Vegetable	French Fried Potatoes Carrots Mashed Potatoes	ff c mash
Main Dish	Roast Beef Barbecue Beef Chateaubraind Filet Mignon Sirloin Steak Pork Chops	RB BBQ Chat Mig SS PC	Beverage	Coffee Tea Orange Drink	Cof T Od
Salad	Tossed Green Salad Lettuce & Tomato	Sal AT	Dessert	Apple Pie Chocolate Cake Danish Pastry Vanilla Pudding Strawberry Ice Cream	A Pie C Cak Dan V Pud Str
Dressing	Russian Thousand Island	r t			

7. 업 셀링

업 셀링(Up Selling)은 고객이 희망했던 상품의 가격보다 단가가 더 높은 상품의 구입을 유도하는 판매방법이다. 그래서 업 셀링을 '격상판매' 또는 '추가판매'라고 하며, 특정한 상품 범주 내에서 상품구매 금액을 늘리도록 업그레이드 된 상품의 구매를 유도하는 판매활동의 하나이다.

이러한 업 셀링은 소비자에게 신제품과 고급화된 상품으로의 구매를 유도함으로써 자연스럽게 매출액의 증가와 주력 및 신제품의 홍보와 판매효과를 가져온다. 따라서 고객과의 접점에서 업 셀링을 통해 레스토랑의 판매신장과 매출액 급증에 힘써야 하겠다.

업 셀링의 사례

- 커피숍에서 판매되는 주스에는 캔(can)주스와 생과일(fresh)주스가 있는데, 고객이 주스를 주문할 때 종사원은 "신선한 생과일 주스를 드릴까요?" 하면서 가격이 더 높은 생과일 주스로 유도하여 판매한다.
- 일품요리로 스테이크를 주문한 고객에게 스테이크 요리에 어울리는 와인이나 음료 등을 제안하여 판매한다.
- 고객이 메뉴를 결정할 때 망설이는 경향이 있으면, 고급손님의 경우 고가의 메뉴부터 추천하고, 가족모임의 경우 중간가격부터 추천하여 판매한다.
- 고객이 메뉴에 대해 자세한 내용을 잘 모르고 있을 때는 그날의 특별요리나 계절별 특선요리를 설명하면서 추천하여 판매한다.
- 빈 맥주병을 제거할 때 "한 병 더 하시겠습니까?"하고 여쭌다. 고객은 생각이 없었는데 권유로 인해 추가 주문을 하는 경우가 있다.

8. 계산서 결제처리

고객이 식사를 하고 결제를 할 때는 현금, 신용카드, 객실후불 등 여러 가지 방법으로 하게 된다.

- 현금 및 수표(Cash)
- 신용카드(Credit)
- 객실후불 : 객실투숙 고객일 경우
- 요금후불 : 후불계약이 성립되어 있는 경우

9. 환송

접객 담당자는 고객이 일어날 때 즉시 의자를 빼주고 테이블 주위에 빠뜨린 물건이 없는지 확인하며, 고객이 떠날 때는 이용해 준 데 대한 감사를 표시하며, 출구쪽을 향해 방향을 제시하고 정중히 인사하며 배웅한다.

이때 환송 담당자는 감사의 인사말과 함께 서비스의 평가, 만족도를 여쭈어 확인하고 다시 한 번 재방문 요청을 하며 인사를 한다.

제 3 절 컴플레인, 분실물 처리

고의로 실수를 하기 위해 일하는 사람은 없다. 서비스는 사람이 하기 때문에 아무리 주의한다 해도 실수는 있기 마련이다. 특히 식음료 업장에서 고객의 불만은 자주 발생하게 되는데 이것을 잘 해소하지 못하면 그 고객은 재방문을 하지 않을 것이고, 또한 그 호텔에 대해 부정적인 소문을 주위사람들에게 전파하여 호텔의 이미지와 많은 잠재고객들에게 영향을 끼칠 것이다.

따라서 고객이 불만을 토로하였을 때 신속히 대처할 수 있는 능력을 교육과 훈련을 통해 습득하고 있어야 한다.

1. 컴플레인 처리 방법

1) 고객의 불만을 끝까지 경청

고객의 불만내용을 끝까지 경청한다. 경청할 때는 문제 상황을 파악하고, 고객이 무엇을 원하는지 파악하여야 한다. 또한 고객의 입장을 공감하는 표정을 지어야 한다.

2) 경청한 내용을 다시 고객에게 설명

종사자는 경청한 내용을 간단명료하게 정리하여 고객에게 다시 설명함으로써 고객의 불만원인과 그로 인한 불편함을 충분히 공감하고 있다는 뉘앙스를 고객에게 전달한다. 이때 고객은 자기의 불만을 종사원이 잘 이해하고 있다고 판단되면 감정을 진정시키게 된다.

예) 고객님 죄송합니다. 오늘 두 분이 결혼기념일을 축하하기 위해 모처럼 오붓한 저녁식사를 원하셨는데, 옆 테이블의 단체손님들로 인해 소란스럽고 혼란스러워 화가 나셨군요!!

3) 정중한 사과

논쟁이나 변명은 피하고 정중하고 예의바르게 사과한다. 그리고 어떠한 상황에서도 종사자의 입장에서 손님을 설득하려 해서는 안 된다. 음식 컴플레인일 경우에는 해당 접시를 빠르게 치우고 이야기를 계속한다.

예) 대단히 죄송합니다. 그러한 상황이라면 저 역시 화가 났을 겁니다.

4) 대안제시

문제가 된 상황이나 원인에 대해 시정하고 고객이 납득할 만한 다른 해결책을 고객에게 제시한다. 그러나 고객이 받아들이지 못하는 상황이라면 그에 상응하는 접대 또는 기타 서비스를 고객에게 제시한다.

예) 고객님, 단체고객의 소란으로 식사에 방해가 되셨다면 단체고객과 멀리 떨어진 반대편 창가쪽 좌석으로 옮겨드리면 어떻겠습니까?

5) 수습

대안을 고객이 받아들이면 신속하게 행동하고 조치한 후, 고객이 퇴장할 때까지 세심한 배려와 서비스를 제공한다. 그리고 다시 한 번 사과하면서 재발방지를 약속한다.

6) 사후조치

지배인은 고객을 정중히 배웅하면서 인사하고, 다음날 다시 한 번 전화하여 안부 겸 사과한다. 또한 종사원은 컴플레인 사항을 기록하고 관련업장과도 협의하여 대비함으로써 실수가 반복되지 않도록 주의한다.

2. 컴플레인 상황 대처

종사자가 고객의 컴플레인(Complain)을 업장에서 듣고 그 자리에서 곧바로 사과하더라도 고객이 수긍하는 자세를 취하지 않거나 감정을 진정하지 않을 때에는 즉시 지배인에게 보고하거나 상황을 바꾸어 대처할 필요가 있다.

1) 사람을 바꾼다

해당 종사자가 그 자리에서 즉시 조치가 어렵다고 판단되면, 사원에서 간부사원으로 교체하여 화난 고객을 대하도록 한다.

고객입장에서는 사원보다는 상급자가 곧바로 사과하고 신경을 써줌으로써 감정을 진정하게 된다. 또한 영업장 직원에 대한 컴플레인일 경우 해당 종사자의 담당구역을 바꾸어 준다.

2) 장소를 바꾼다

영업 현장에서 처리하게 되면 타 고객들에게 불편을 줄 뿐만 아니라 군중심리에 의하여 감정이 더 격화될 수 있다.

따라서 분리된 공간으로 안내하여 혼자 있게 하고, 서서 대화하는 것보다는 앉아서 대화함으로써 감정을 진정시켜 준다.

3. 분실물 처리

고객의 실수로 업장 내에서 분실하였거나 잘못 두고간 모든 물건에 대해서는 이를 문서화하여 안전하게 보관 처리하고, 본인에게 우송해주거나 경우에 따라서는 법에 따라 처분한다. 분실물 처리 요령은 다음과 같다.

- 모든 분실물 및 습득물은 분실물대장(Lost & Found Slip)에 기록한다.
- 고객이 놓고 간 모든 물건들은 가격대를 막론하고 습득일로부터 90일간 보관한다.
- 습득한 물건은 각 부서를 통하여 습득한 경로와 함께 당직지배인에게 보고하고 전달한다.
- 습득물은 각각 전표(Tag)에 자료를 기입하여 분별할 수 있게 한다.
- 분실물의 주인이 확인되기 전까지는 임의로 우송하면 안 되고, 우송은 반드시 등기우편을 원칙으로 한다.

Chapter 5 식음료 기물과 테이블 서비스

Chapter 5 식음료 기물과 테이블 서비스

제 1 절 식음료 서비스 기물

1. 은기제품

은기제품(Sliver Ware)은 순은제와 은도금이 있는데, 순은제는 가격이 비싸고 관리가 어려워 호텔에서는 은도금 제품을 많이 사용하고 있다. 또한 일반 레스토랑에서는 가격이 싸고, 보관 및 관리가 쉬운 스테인리스 기물을 많이 사용하고 있다.

은기제품은 고객이 식사할 때 사용하는 나이프(knife)와 포크(fork), 서비스 직원이 서빙할 때 사용하는 서비스 플래터(platter), 커피포트(coffee pot), 소스보트(sauce boat), 카빙나이프(carving knife) 등이 있다.

1) 은기제품의 종류

(1) 나이프와 포크

① 소스 스푼(sauce spoon)
② 데미따스 스푼(demitasse spoon)
③ 티스푼(teaspoon)
④ 아이스크림 스푼(ice cream spoon)
⑤ 디저트 스푼(dessert spoon)
⑥ 오이스터 포크(oyster fork)
⑦ 패스트리 포크(pastry fork)

⑧ 버터 나이프/버터 스프레더(butter knife/butter spreader)

⑨ 뷔용 스푼(bouillon spoon)

⑩ 테이블 스푼(table spoon)

⑪ 디저트 포크(dessert fork)

⑫ 디저트 나이프(dessert knife)

⑬ 피쉬 포크(fish fork)

⑭ 피쉬 나이프(fish knife)

⑮ 디너 포크(dinner fork)

⑯ 디너 나이프(dinner knife)

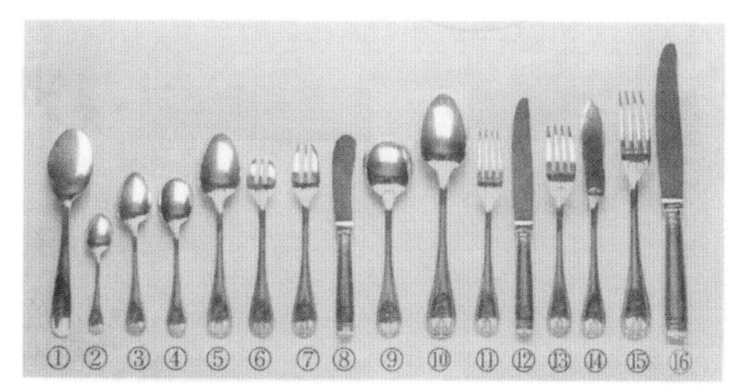

▲ 나이프와 포크

(2) 플래터(Platter) 기물

플래터는 각종 음식을 담는 큰 접시를 말한다.

▲ 플래터 기물

(3) 테이블 서비스 기물

▲ 테이블 서비스 기물

(4) 스탠드(Stand)와 와인바스켓(Wine Basket)

▲ 스탠드와 와인바스켓

(5) 파트(Pot)와 소스보트(Sauce Boat)

◀ 파트와 소스보트

(6) 수프 튜린(Soup Tureen)과 푸드 커버(Food Cover)

◀ 수프 튜린과 푸드 커버

(7) 세핑 디쉬(Chafing Dish)

◀ 세핑 디쉬

(8) 서빙(Serving)기물

▲ 서빙기물

① 수프 국자(soup ladle)
② 피쉬 서빙 포크(fish serving fork)
③ 피쉬 서빙 나이프(fish serving knife)
④ 카빙 포크(carving fork)
⑤ 카빙 나이프(carving knife)
⑥ 케익 서버(cake server)
⑦ 파이 서버(pie server)
⑧ 아이스크림 서빙 스푼(ice cream serving spoon)
⑨ 랍스터 크랙커(lobster cracker)
⑩ 랍스터 포크(lobster fork)
⑪ 치즈 나이프(cheese knife)
⑫ 스네일 통(snail tongs)
⑬ 스네일 포크(snail fork)
⑭ 설탕 스푼(sugar spoon)
⑮ 소스 국자(sauce ladle)
⑯ 샐러드 서빙 포크(salad serving fork)
⑰ 샐러드 서빙 스푼(salad serving spoon)

(9) 텅(Tong)류 기물

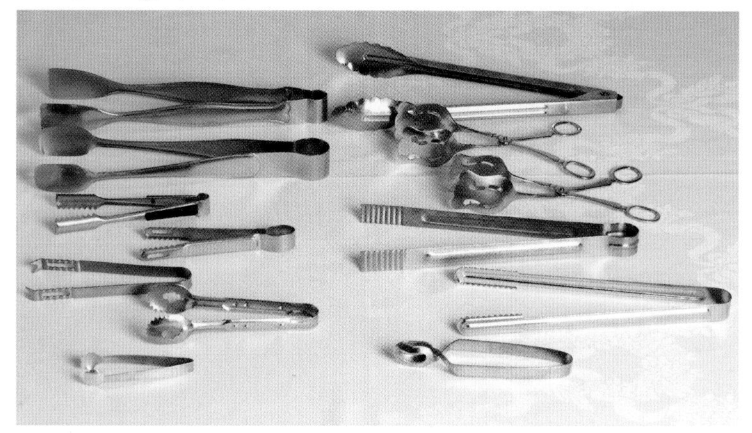
▲ 텅류 기물

2) 은기제품의 관리

- 사용된 은기물은 뜨거운 물에 세척액을 사용하여 충분히 씻어 낸 후 클리닝 타월을 이용하여 닦는다.
- 왼손으로 적당량의 은기물 손잡이를 쥐고 용기의 뜨거운 물에 담갔다가 핸드타월로 기물의 손잡이를 감싸 쥐고 오른손으로 음식이 닿은 부분에서부터 닦는다.
- 여러 종류의 기물을 한꺼번에 닦을 때에는 포크부터 닦는 것이 쉽고 날의 안쪽은 주의해서 닦는다.
- 나이프를 닦을 때에는 칼날이 바깥쪽으로 향하도록 하고 핸드타월이 찢어지지 않도록 닦는다.
- 테이블 세팅을 할 때는 음식이 닿는 부분을 손으로 잡거나 만져서는 안 되고, 가능한 손자국이 나지 않도록 한다.
- 변색된 은기제품은 광택제로 깨끗하게 윤을 내어 사용한다.
- 잘 닦인 기물은 종류별로 가지런히 모아 기물함에 비치한다.

▲ 나이프 · 포크 보관방법

2. 글라스류

1) 글라스류 서비스

- 어떤 기물보다 파손될 위험이 높으므로 각별히 조심해서 취급 한다.
- 목이 있는 글라스는 목을 잡고 서비스한다.
- 글라스(glass)를 옮길 때 글라스 안에 손가락을 넣어 잡지 않는다.
- 입을 대고 마시는 글라스의 상단부분은 손으로 잡지 않는다.
- 글라스를 트레이(tray)로 운반할 때는 미끄러지지 않도록 트레이에 매트 또는 냅킨을 깔고 그 위에 올려 운반한다.
- 많은 양의 글라스를 운반할 때는 컵 받침 부분을 손가락 사이사이에 끼워 옮긴다.
- 금이 가거나 깨진 글라스는 사용하지 않는다.

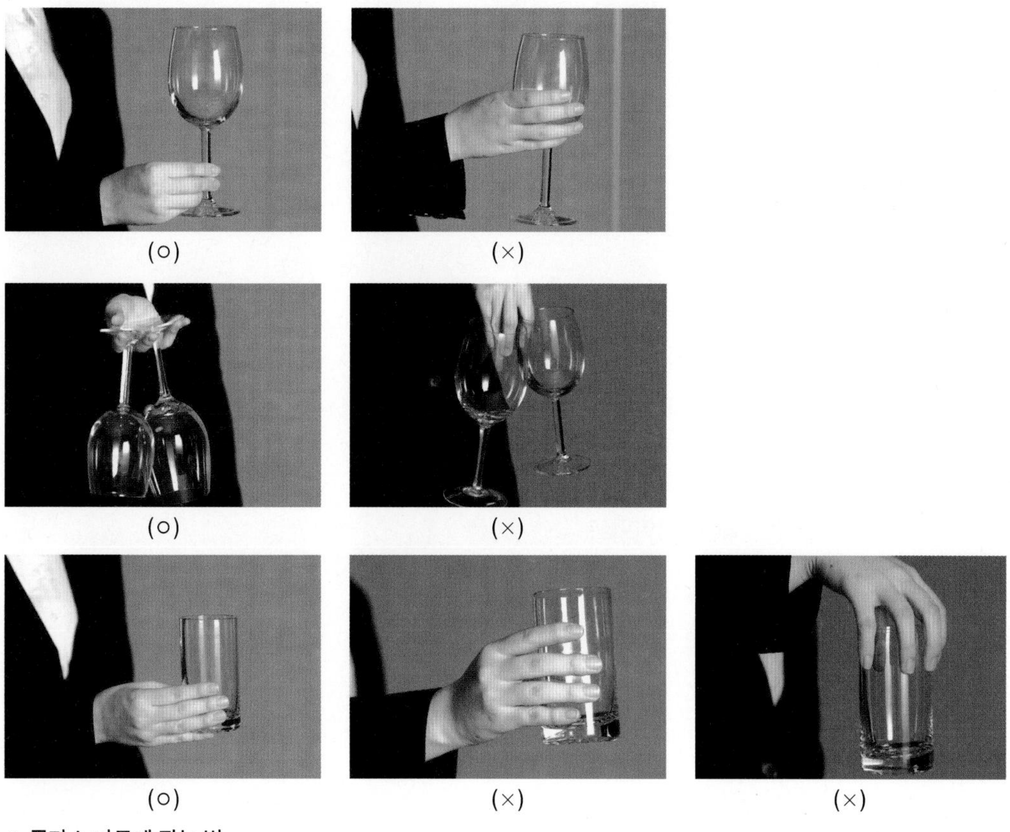

▲ 글라스 바르게 잡는 법

2) 글라스 닦는 요령

- 많은 양의 글라스를 세척할 때는 글라스 랙(glass rack)을 사용한다.
- 세척된 글라스를 뜨거운 물의 수증기에 쏘인다.
- 냅킨을 왼손에 얹고 그 위에 닦을 글라스를 올린다. 타월의 한쪽부분을 글라스 안으로 넣고 엄지손가락을 넣어 가볍게 돌려가면서 닦는다.
- 윗부분 안팎을 닦은 후 손잡이 부분과 밑바닥 순으로 닦는다.
- 너무 더러워 손으로 닦을 수 없는 것은 기계로 닦는다.
- 닦은 글라스를 밝은 쪽으로 들어 올려 잘 닦였는지 확인한다.

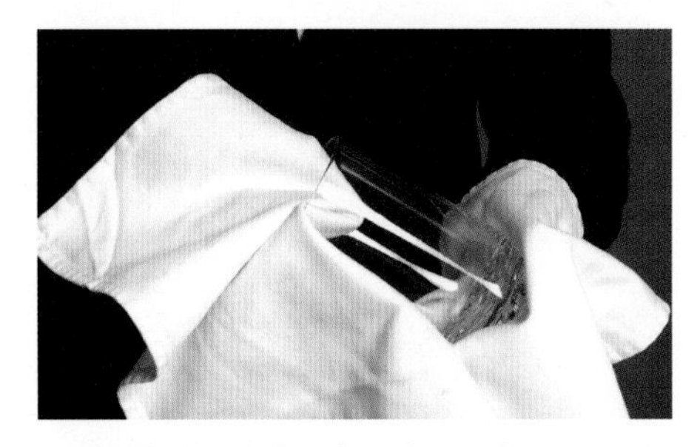

▲ 냅킨을 이용하여 글라스 닦는 요령

3) 글라스 종류

(1) 워터 글라스(Water Glass)

- 10온스 정도며 폭과 길이가 길다.
- 위가 밑보다 넓은 편이다.

(2) 와인 글라스(Wine Glass)

- 5~8온스 정도며 깊고 위와 밑의 넓이가 비슷하다.
- 적포도주 잔이 백포도주 잔보다 크다.

(3) 샴페인 글라스(Champagne Glass)

- 5온스 정도이다.
- 튜율립형(tulip shaped)을 많이 사용한다.

(4) 칵테일 글라스(Cocktail Glass)

- 3~4온스 정도이다.
- 삼각형 형태의 잔이다.

3. 도자기류

1) 도자기류 서비스

- 접시의 테두리(rim) 안쪽으로 엄지손가락이 들어가지 않도록 한다.
- 음식이 담긴 뜨거운 접시는 암 타월(arm towl)로 받쳐 들고, 내려놓을 때는 뜨겁다는 안내 말을 전한다.
- 접시에 로고가 있을 경우, 고객이 보았을 때 바로 보이도록 놓는다.
- 접시를 옮길 때는 전후좌우 경계를 소홀히 해서는 안 된다.
- 접시에 오점이나 이가 빠진 것은 사용하지 않는다.

2) 접시 운반법

(1) 접시 한 장 들 때

(2) 접시 두 장 들 때

(3) 접시 세 장 들 때

(4) 접시 네 장 들 때

3) 접시 닦는 방법

- 양손에 마른 타월을 감싸 쥐고 접시를 회전시키면서 닦는다.
- 접시(plate)의 가운데 부분을 닦을 때에는 왼손에 헝겊을 감싸서 접시를 들고 닦는다.
- 앞부분을 닦고 난 후 뒷부분을 닦는다.
- 닦을 때는 소음이 나지 않도록 하고 깨지지 않도록 조심스럽게 다룬다.

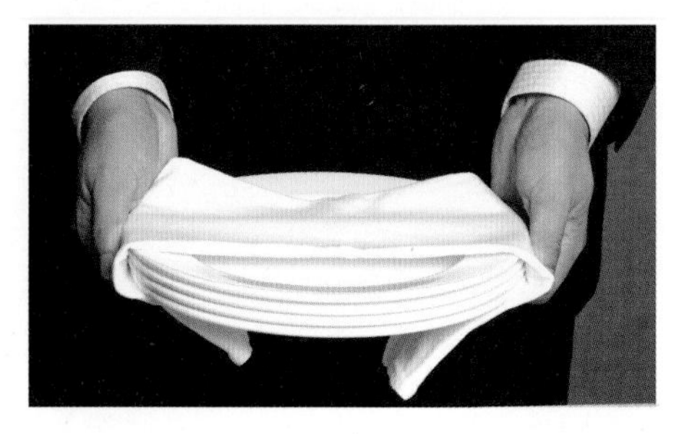

▲ 접시 닦는 방법과 옮기는 방법

4) 도자기류 종류

(1) 서비스 플래터(Service Platter)

- 직경이 30cm 정도의 대형접시이다.
- 기본 셋팅은 접시의 중앙에 냅킨을 접어 세워 놓는다.
- 접시의 무늬에 따라 식탁의 분위기가 달라진다.

(2) 앙뜨레 플레이트(Entree Plate)

- 직경이 24cm 정도로 메인요리를 담아 제공되는 접시이다.
- 주로 뜨거운 요리를 올리는 데 사용되므로 뜨겁게 보관한다.

(3) 브레드 플레이트(Bread Plate)

- 직경이 16cm 정도가 적당하다.
- B&B Plate라 불려지는데, Bread 와 Butter의 약자이다.
- 빵과 잼, 버터 등을 올려 놓는 접시이다.

(4) 디저트 플레이트(Dessert Plate)

- 직경이 20cm 정도가 적당하다.
- 종류가 매우 다양하다.

(5) 수프 볼(Soup bowl)과 컵(Cup)

- 접시와 컵의 형식이 복합된 것이 볼(bowl)이며, 진한 수프를 제공할 때 사용된다.
- 맑은 수프를 제공할 때는 뷔용 컵(bouillon cup)을 사용한다.

(6) 커피컵과 밑받침(Coffee Cup & Saucer)

- 커피 컵을 사용할 때는 밑받침을 바쳐 제공한다.

▲ 레스토랑에서 사용하는 도자기 접시류 종류

4. 장비류

호텔의 식음료 업장에서 사용하는 카트(Cart), 웨곤(Wagon), 트롤리(Trolley) 등은 바퀴가 달려 있어 이동이 가능한 서비스 도구이다. 명칭을 구분하자면 카트는 단순 운반용 도구이고, 웨곤은 고객 테이블 옆에 붙여 놓고 각종 음식을 서비스해 주는 보조 도구이며, 트롤리는 음식 또는 음료를 진열하여 이동시킬 수 있는 도구이다.

1) 프람베 트롤리(Flambe Trolley)

- 웨곤 자체에 알코올, 가스버너를 갖추고 있다.
- 고객 앞에서 전체 앙뜨레, 후식 등을 요리할 때 사용된다.

- 간단한 양념류, 프라이팬, 소스, 와인 등을 비치해 두어야 한다.

2) 로스트비프 트롤리(Roast Beef Trolley)

- 고객 앞에서 육류요리를 직접 잘라주는 데 사용된다.
- 밑에 연료를 사용하여 적당한 온도를 유지하도록 되어 있다.
- 요리가 식지 않도록 뚜껑이 있으며, 도마, 칼, 소스가 준비된다.

3) 디저트 트롤리(Dessert Trolley)

- 후식을 진열하여 고객이 잘 볼 수 있도록 전시한 트롤리이다.
- 각종 케익, 치즈를 진열하여 고객 테이블 옆에서 판매할 때 사용한다.
- 냉방장치가 된 것과 안 된 것이 있다.

4) 바 트롤리(Bar Trolley)

- 각종주류와 조주에 필요한 바 기물을 비치하여 사용한다.
- 고객 앞에서 직접 조주하여 서브할 수 있다.

5) 서비스 트롤리(Service Trolley)

- 식탁과 높이가 비슷하며, 각종 음식을 운반할 때 사용한다.
- 장애물이 있으면 들어 옮길 수 있어야 한다.
- 영업전에 암타월, 서빙기물, 접시 등을 비치해 둔다.

6) 서비스 스테이션(Service Station)

- serving table, side table 등으로 불려지기도 한다.
- 연회장에서 사용하는 이동식 바 트롤리이다.
- 신속한 서비스와 서비스에 필요한 준비물 등도 보관한다.

7) 룸서비스 트롤리

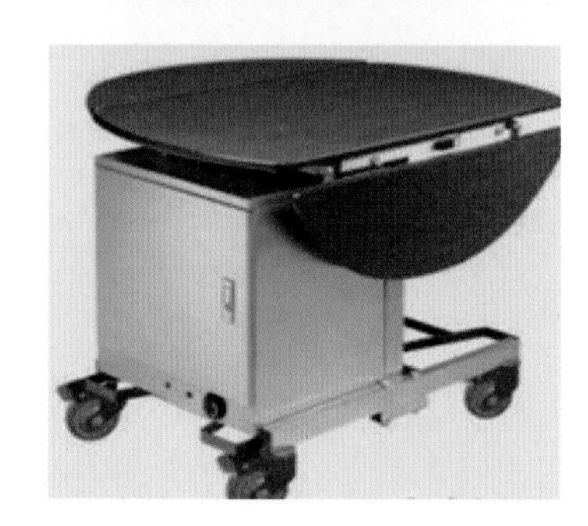

- 객실까지 룸서비스를 하는 데 사용된다.

5. 린넨

1) 테이블 린넨의 종류

테이블 린넨이란 양식당 등에서 사용하는 테이블클로스, 매트, 냅킨, 도일리 등의 천 종류를 의미하며, 어떤 종류의 린넨을 사용하는가에 따라 레스토랑의 품격과 가치가 나타난다. 린넨의 종류를 살펴보면 다음과 같다.

(1) 언더 클로스(Under Cloth)

언더 클로스는 테이블 클로스 아래에 까는 클로스이다. 테이블 클로스 밑에 언더 클로스를 깔게 되면 식기가 미끄러지거나 내려놓을 때 소리가 나는 것을 막을 수 있다. 언더클로스는 테이블 보다 약간 큰 정도의 사이즈가 적당하다.

(2) 테이블 클로스(Tabel Cloth)

테이블 클로스는 언더 클로스 위에 까는 클로스이다. 격식 있는 상차림에는 매트 대신 테이블 클로스를 사용한다. 테이블 클로스는 약 50㎝ 정도 늘어뜨리는 것이 적절하지만 원탁 테이블 등에는 바닥까지 내려오게 하거나 식탁 다리가 안 보이도록 한다.

(3) 탑 클로스(Top Cloth)

탑 클로스는 테이블 클로스 위에 까는 천을 가리키며, 보조 장식의 개념으로 다양한 색깔을 사용한다. 또한 테이블 장식의 기능과 함께 테이블 클로스를 보호해 주고, 테이블 세팅 시 탑 클로스만 교체해 주면 작업이 수월해진다.

▲ 테이블 클로스

▲ 테이블 클로스 위에 까는 탑 클로스

(4) 매트(Mat)

테이블 클로스 위에 탑 클로스를 깔지 않는 경우 매트를 사용한다. 매트는 화려한 색상으로 테이블의 분위기를 살려주는 역할도 하면서 테이블 클로스를 보호하기도 한다. 즉 음식이 묻은 매트만 제거하면 아래에 있는 테이블 클로스는 그대로 쓸 수 있기 때문이다.

(5) 미팅 클로스(Meeting Cloth)

회의용 테이블에 덮는 것으로 융단 천으로 만들어져 촉감이 부드럽다. 쉽게 더러워지는 것을 방지하고 관리가 용이하도록 무늬가 없는 단일 색상으로 제작된다.

▲ 테이블 매트

▲ 미팅 클로스

(6) 냅킨(Napkin)

냅킨은 고객이 식사 중에 입을 닦거나 음식이 옷에 흘리는 것을 방지하기 위하여 무릎 위에 덮는 천이다. 냅킨은 다양한 모양으로 멋을 낼 수도 있어 레스토랑의 분위기를 살리는 장식품의 역할로도 사용된다. 하지만 최근에는 냅킨 접기 과정에서의 위생 문제로 인해 냅킨 사용을 제한하거나 일회용 냅킨으로 대체하는 추세이다.

(7) 도일리(Doily)

주로 컵 받침으로 사용되는 면제품으로 사각이나 둥근형이 많으며, 레이스에 수를 놓은 것도 있다. 때에 따라 접시 사이에 깔아서 사용하기도 하는데 접시 사이의 마찰이나 소음을 방지한다.

(8) 클리닝 타월(Cleaning Towel)

각종 기물이나 집기류 등을 닦을 때 사용하는 천으로 냅킨이나 기타 클로스와 색상이나 모양을 달리하여 구분하기 쉽게 사용한다.

2) 다양한 냅킨접기의 종류

수련

밴드

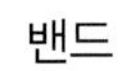

장미

겹부채

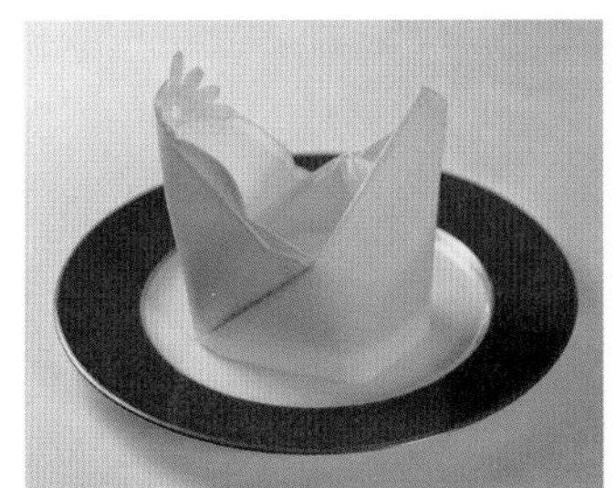
왕관

달팽이

죽순

범선

밴드

제 2 절 식음료 테이블 세팅

1. 테이블 세팅 서비스

1) 테이블 세팅의 의의

테이블 세팅(Table Setting)은 식탁의 짜임새 있는 구성으로 분위기를 연출하여 즐겁고 편리한 식사가 되도록 테이블을 꾸미는 것을 말한다. 식사가 끝난 고객의 테이블을 다시 깔끔하고 세련되게 세팅하여 다음 고객을 맞이한다는 차원에서 테이블 세팅은 상품을 재생산하고 판매하는데 필요한 기본적이자 중요한 과정이라 할 수 있다.

양식이나 중식, 일식, 한식 등 모든 식사에는 그에 맞는 테이블 세팅이 있지만 본 장에서는 양식당의 테이블 세팅에 대해 다루고자 한다. 따라서 테이블 세팅에 필요한 각종 기물과 종류, 테이블 세팅의 순서와 서비스 방법 등을 설명한다.

▲ 웨스틴조선서울의 연회장 테이블 세팅 전경

2) 테이블 세팅을 위한 기본 기물

(1) 식기접시 7종류

① 콩소메 수프(consome soup)	② 수프(soup)	③ 빵(bread)
④ 장식(assiette de presentation)	⑤ 요리(main dish)	⑥ 디저트(dessert)
⑦ 샐러드(salad)		

(2) 나이프 4종류

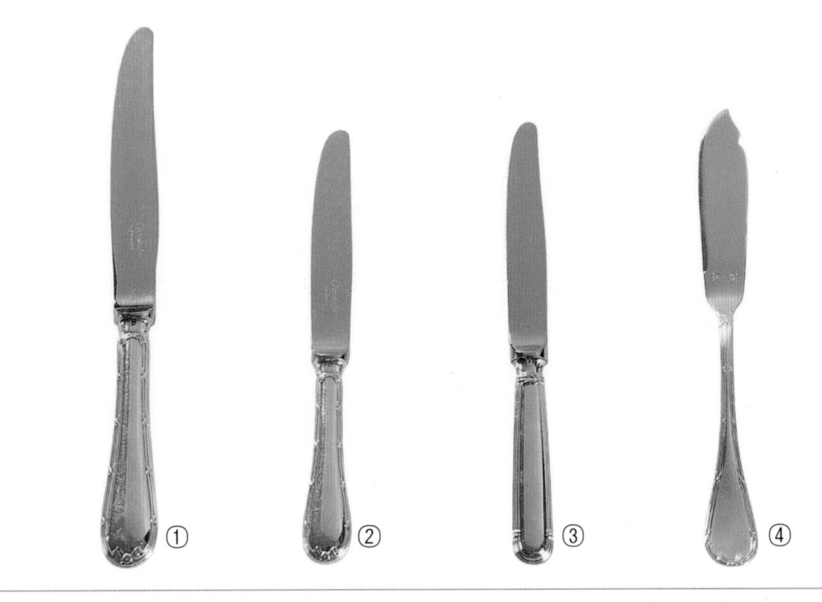

① 육류	② 생선	③ 오드블	④ 디저트(치즈)

(3) 포크 5종류

① 육류	② 생선	③ 오드블	④ 디저트
⑤ 케익용(접시의 크기에 따라 오드블과 고기를 겸용으로 한다).			

(4) 스푼 5종류

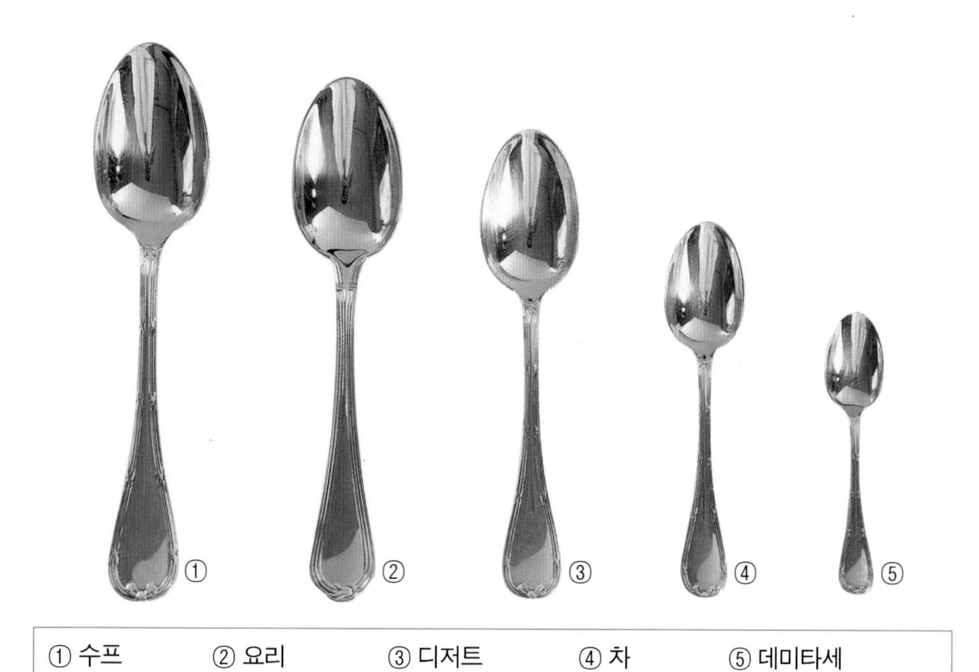

① 수프　② 요리　③ 디저트　④ 차　⑤ 데미타세

(5) 글라스 4종류

① 화이트와인　② 샴페인　③ 레드와인　④ 물컵

(6) 컵 4종류

① soup cup ② tea cup ③ coffee cup ④ demi tasse cup

(7) 테이블 린넨류

테이블 세팅에 필요한 린넨류에는 냅킨, 테이블 클로스, 의자 커버 등이 있다.

(8) 센터피스

테이블 중앙의 센터피스는 테이블을 화려하게 꾸미고 중심을 잡아주는 역할을 하는데, 주로 촛대나 화려한 꽃 등이 사용된다.

3) 테이블 크로스 씌우는 법

(1) 둥근 테이블인 경우

① 언더크로스 + 스냅(얇은 천) + 테이블크로스
   언더크로스는 테이블에 부착시킨다.
② 스냅을 씌운다. 옆으로 내려지는 길이는 30~40cm가 적당하다. 테이블 크로스가 얇은 천인 경우는 스냅이 보이지 않도록 배려한다.
③ 스냅 위에 테이블 크로스를 40cm 정도 내려오게 깐다.
④ 다리 4개의 둥근 테이블에 정방형의 테이블 크로스를 씌울 때는 다리가 가려지도록 각 다리쪽에 테이블 크로스의 각진 쪽을 맞추면서 씌운다.

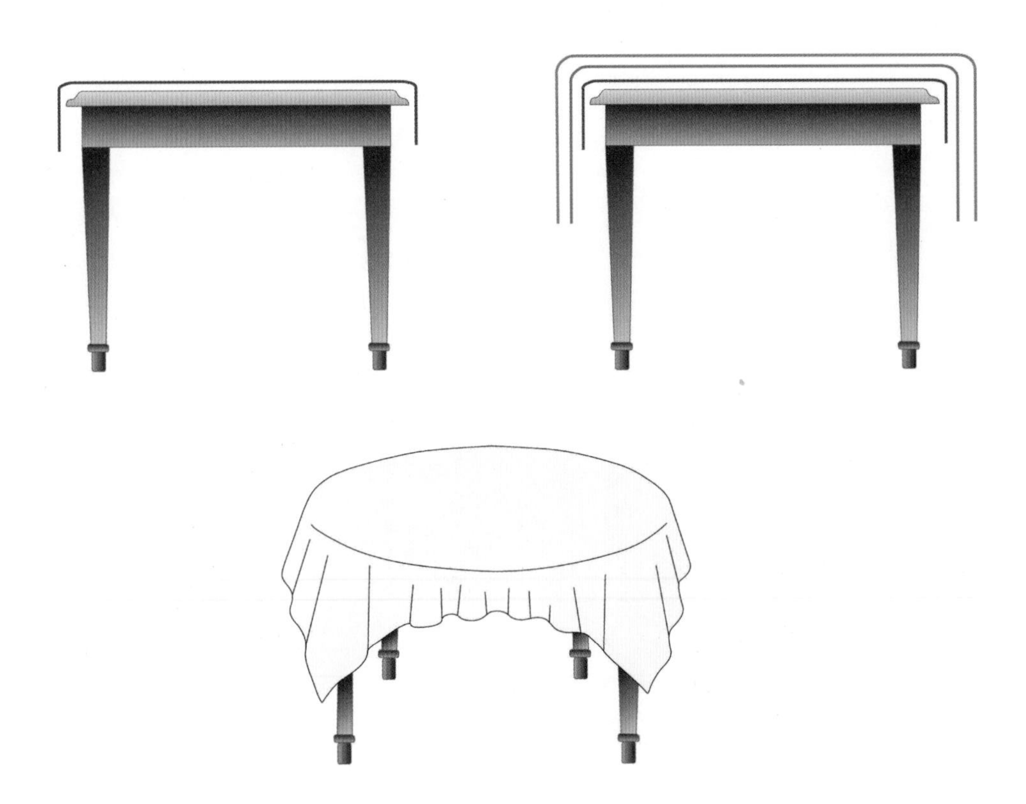

(2) 바닥까지 내려오는 테이블크로스인 경우

① 밑에 깔은 몰톤을 옆으로 약간 흘러내리게 씌운다.
② 스냅은 바닥까지 닿게 한다.
③ 테이블크로스를 바닥까지 씌운다.
둥근형의 테이블에는 둥근형의 크로스를 씌우는 경우도 있다.

(3) 바닥까지 내려오는 쥬봉인 경우

① 밑에 까는 몰톤을 씌운다
② 쥬봉을 바닥에 닿도록 씌운다
③ 테이블크로스를 씌운다. 테이블에서 내려오는 길이가 40cm 되도록 씌운다. 테이블에 사각형의 테이블 크로스를 씌우는 것이 보통이나 둥근형의 테이블크로스를 씌우는 경우도 있다.

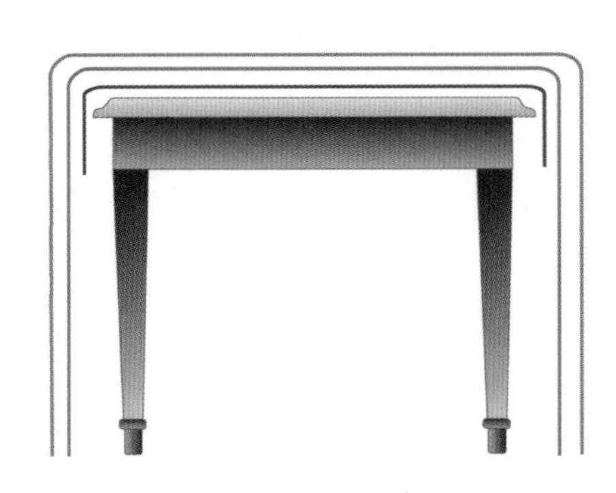

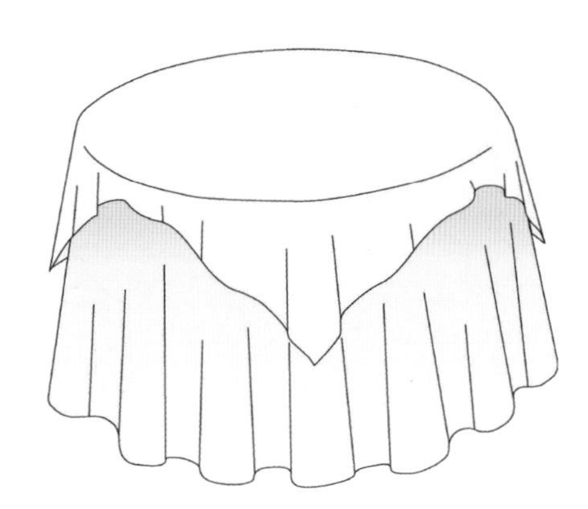

4) 테이블 세팅의 종류

양식당 테이블 세팅은 크게 3가지로 분류할 수 있는데, 가장 기본적인 기본세팅부터 일품요리 세팅, 풀코스메뉴 세팅으로 분류할 수 있다. 메뉴의 종류와 상황에 따라 약간씩 차이가 있을 수 있지만 일반적으로 다음 3가지 형태가 가장 기본 형태라 할 수 있다.

(1) 기본세팅

기본세팅(Basic Setting)은 양식당에서 영업장을 오픈하면서 항상 기본적으로 준비하는 세팅으로 모든 코스의 공통적인 제공 메뉴에 대한 기본세팅이라고 할 수 있다. 메뉴의 종류와 상황에 따라 약간씩 차이가 있을 수 있다.

① Show Plate
② Dinner Knife
③ Dinner Fork
④ Butter Knife
⑤ B&B Plate
⑥ Water Goblet
⑦ Flower Vase
⑧ Caster Set
⑨ Ashtray
⑩ Napkin
⑪ Dessert Fork
⑫ Dessert Spoon

(2) 일품요리 세팅

일품요리 세팅(A la Cart Setting)은 단일 품목의 일품요리를 먹기 위해 적합한 세팅이다. 또는 커피숍 등에서 조식을 위해 제공되는 세팅 형태이기도 하다. 메뉴의 종류와 상황에 따라 약간씩 차이가 있을 수 있다.

① Dinner Knife
② Dinner Fork
③ Soup Spoon
④ Butter Knife
⑤ B&B Plate
⑥ Water Goblet
⑦ Flower Vase
⑧ Caster Set
⑨ Ashtray
⑩ Show Plate
⑪ Napkin
⑫ Dessert Fork
⑬ Dessert Spoon

(3) 풀코스 메뉴 세팅

풀코스 메뉴 세팅(Full Course Menu Setting)은 호텔의 고급 레스토랑에서 가장 격식 있는 풀코스 메뉴를 제공할 때 서비스하는 테이블 세팅이다. 메뉴의 종류와 상황에 따라 약간씩 차이가 있을 수 있다.

① Show Plate
② Napkin
③ Appetizer Knife
④ Soup Spoon
⑤ Fish Knife
⑥ Meat(Dinner) Knife
⑦ Appetizer Fork
⑧ Fish Fork
⑨ Salad Fork
⑩ Meat(Dinner) Fork
⑪ Dessert Spoon
⑫ Dessert Fork
⑬ Butter Knife
⑭ B&B Plate
⑮ Butter Bowl
⑯ Water Goblet
⑰ White Wine Glass
⑱ Red Wine Glass
⑲ Champagne Glass
⑳ Salt & Pepper(Caster)

5) 테이블 세팅 순서

정식세팅을 위한 순서를 기준으로 나열하면 다음과 같다.

① 테이블 크로스를 깐다.
② 쇼 플레이트(Show Plate)[1]를 놓아 기준을 잡는다. 이때 쇼 플레이트 위의 냅킨은 접힌 채 누워 있는 상태이다.
③ 육류용 나이프는 오른쪽에 칼날은 안쪽을 향하게 놓는다.
④ 육류용 포크는 날 부분이 위로 향하게 왼쪽에 놓는다.
⑤ 생선용 나이프와 포크를 놓는다.
⑥ 수프 스푼과 샐러드 포크를 놓는다.
⑦ 애피타이저 나이프와 포크를 놓는다.
⑧ B&B Plate를 쇼 플레이트 왼쪽에 놓고 버터나이프를 올려 놓는다.
⑨ 디저트 스푼과 포크를 쇼 플레이트 위쪽에 놓는다.
⑩ 물 컵을 기준으로 와인 잔과 샴페인 잔을 놓는다. 물 컵은 오른쪽 육류용 나이프의 2cm 정도 위에 놓는다.
⑪ 센터피스(양념세트, 꽃병, 촛대)를 놓는다.
⑫ 쇼 플레이트 위에 냅킨을 세운다.

---

1 테이블 세팅할 때 쇼 플레이트와 나이프, 포크의 위치는 테이블 끝선에서 1cm 정도 위쪽으로 놓으며, 기물과 기물 사이의 간격도 1cm 정도를 유지하는 것이 좋다.

표 5-1 기물을 통한 비언어적 소통 방법

비언어적 의사	소통방법	내용
식사 시작 Start		식사를 바로 시작할 수 있도록 준비된 상태
식사 중 Pause		아직 식사 중임을 알리는 방법으로 잠시 자리를 비우거나 대화 중일 때 사용
다음 요리 준비 Next Dish		식사를 마치고 다음 코스요리를 먹을 준비가 되었음을 알리는 방법
식사에 만족 Excellent		식사에 대한 만족을 표시하는 방법으로 나이프와 포크의 손잡이가 왼쪽을 향하도록 수평으로 놓는다.
식사 완료 Finished		식사가 끝났음을 알리는 방법으로 나이프와 포크를 수직으로 놓는다.
식사에 불만 Don't Like		식사에 불만족했을 경우 포크에 나이프를 끼워 넣는다.

2. 테이블 서비스 기본 수칙

서비스 수칙이란 레스토랑에서 인적, 물적 서비스 제공시 지켜야 할 정형화된 규칙과 행동절차이다.

1) 음식 서빙

- 음식이 개별 접시에 담겨진 것은 왼손으로 들고 와서 고객의 우측에서 오른손으로 서브한다.
- 음식을 큰 그릇이나 접시에 담아서 고객들에게 서브할 때는 고객의 좌측에서 쇼윙(Showing)한 후 오른손으로 골고루 서브한다.
- 샐러드는 고객의 우측에서 제공하지만, 샐러드드레싱은 고객의 좌측에서 쇼윙한 후 오른손으로 서브한다.
- 뼈가 있는 음식이나 껍질을 벗겨 먹어야 하는 과일을 서브할 때는 핑거볼(Finger Bowl)을 같이 제공한다.
- 식사가 끝난 뒤 빈 접시나 글라스는 모두 고객의 우측에서 오른손으로 빼낸다.
- 빈 접시를 빼낼 때는 큰 접시부터 작은 접시 순으로 뺀다.
- 남은 음식과 포크, 나이프 등을 분리하여 접시에 모을 때는 고객에게 보이지 않도록 고객 뒤쪽으로 물러나서 소음이 나지 않게 정리한다.

2) 음료 서빙

- 모든 음료를 서브할 때는 고객의 우측에서 오른손으로 서브한다.
- 물을 따를 때는 글라스에 7부 정도 따르고 같은 양을 유지한다.
- 물이나 와인을 따를 때는 글라스에 닿지 않도록 2cm 정도 높은 위치에서 따른다.
- 와인을 글라스에 따를 때는 화이트와인은 2/3 정도, 레드와인은 1/2 정도를 따른다. 고객이 따라 마시는 일이 없도록 같은 양을 유지한다.
- 커피 잔은 고객의 우측에서 손잡이가 오른쪽으로 향하도록 물 컵 아래쪽에 놓고, 티스푼은 컵의 앞부분에 손잡이와 평행이 되도록 놓는다.

- 고객이 커피를 다 마실 즈음 더 원하는지 확인하고 보충해준다.
- 테이블 크로스가 없는 테이블에 음료를 놓을 때는 반드시 코스터(Coaster)나 칵테일 냅킨을 깔고 서브한다.

제 3 절 식음료 서비스 방식

호텔의 식당 서비스는 고객의 식사 주문이 이루어지고 나면 종사원이 음식을 운반하여 제공하는 것으로 이루어진다. 이때 종사원의 서비스 방식에는 여러 가지 형식이 있어 이에 대해 살펴본다.

1. 프렌치 서비스

프렌치 서비스(French Service)를 다른 말로는 플람베 서비스(Flambee Service)라고 한다. 플람베란 고온에서 요리 중인 음식에 술을 부어 큰불을 일으키고 빠르게 알코올을 날려버리는 요리 기술로 프랑스에서 시작되었다. 프렌치 서비스는 특급호텔의 프랑스식 상류급 양식당에서 주로 제공되며, 가장 정중하고 귀족적인 서비스를 원하는 고객에게 적합한 방식이다.

서비스 방식으로는 음식이 주방에서 1차 조리만을 거치므로 완전히 조리가 끝나지 않은 상태에서 프람베 트롤리(Flambe Trolley)에 놓여져 식당 홀의 고객 앞으로 운반되고, 조리사는 고객 앞에서 활활 타는 불에다 음식을 직접 요리한 후, 종사원이 완성된 음식을 고객에게 덜어주는 서비스이다.

프렌치 서비스의 단점은 게리동이 이동할 수 있는 넓은 공간을 필요로 하기 때문에 좌석 수가 줄어들 수 있고, 서빙 기구와 조리기구, 2인 이상의 조리사가 필요하여 최근에는 특급호텔에서도 전통적인 프렌치 서비스 대신에 간편한 아메리칸 서비스로 대신하는 경우가 늘고 있다.

▲ 프렌치 서비스 전경

▲ 프렌치 게리동 서비스 전경

2. 러시안 서비스

러시안 서비스(Russian Service)를 다른 말로는 플래터 서비스(Platter Service)라고 한다. 러시안 서비스는 주방에서 완전히 조리된 음식을 큰 접시, 즉 플래터(Platter)에 담아 카트에 옮겨 실어 고객의 테이블까지 운반한다. 이후 종업원이 플래터에 올려져 있는 음식을 보조 기구를 이용하여 고객의 개별 접시에 골고루 덜어주는 서비스이다. 이때 종사원은 고객들에게 음식을 골고루 나누어 줄 수 있는 능력이 필요하다.

러시안 서비스의 장점은 고객들이 종사자로부터 세심한 배려를 받을 수 있고, 경영자는 프렌치 서비스에 비해 인건비와 생산비를 절감할 수 있다는 점이다.

3. 아메리칸 서비스

아메리칸 서비스(American Service)를 다른 말로는 플레이트 서비스(Plate Service)라고 한다. 아메리칸 서비스는 주방에서 완성된 요리를 개별 접시, 즉 플레이트(Plat)에 각각 담아서 제공한다. 이때 종사원은 개별 접시들을 서비스 트롤리(Service Trolley)에 싣고 오거나, 손으로 직접 들고 와서 고객 앞에 제공하기도 한다.

아메리칸 서비스는 빠른 서비스가 특징이라 할 수 있으며, 이로 인해 고객 회전이 빠른 패밀리레스토랑이나 스낵 식당 등에서 이루어지는 가장 일반적인 서비스이다. 또한 프렌치 서비스에 비해 종사원의 숙련도나 교육훈련이 많지 않으므로 종사원의 확보가 용이하고, 종사원 1인당 접객할 수 있는 고객 수가 많은 것이 장점이다. 단점으로는 프렌치 서비스에 비해 우아함이 부족하며, 특별한 숙련도가 필요 없으므로 종사자들의 이직률이 높은 편이다.

▲ 아메리칸 서비스는 음식을 개별 접시에 담아 서비스 한다.

4. 패밀리 서비스

패밀리 서비스(Family Service)는 주로 중식당에서 이용되는 방식으로 조리된 음식을 큰 접시(platter)에 담아 고객의 원탁테이블 중앙에 올려놓으면 고객들이 스스로 음식을 덜어 먹는 서비스이다. 일반적으로 음식을 올려놓은 테이블의 중앙 부분은 회전이 되도록 만들어져 있다.

다른 서비스에 비해 음식 서브 절차가 간편하므로 소규모 종사원으로 운영이 가능하고, 인건비를 줄일 수 있다는 점이다.

▲ 패밀리 서비스에 적합한 테이블은 음식을 올려놓는 중앙부문이 회전된다.

5. 카운터 서비스

카운터 서비스(Counter Service)는 주로 일식당에서 이용되는 방식으로 주방이 개방된 상태에서 이루어지는 서비스이다. 고객이 카운터를 사이에 두고 주방의 조리사와 마주 앉는 형태이므로 서로 간에 주문이나 대화가 가능하고, 고객은 주방의 조리과정을 볼 수 있어 기다리는 지루함이 적다.

카운터가 테이블로 사용되어 조리사 한 사람이 약 5~8명의 고객에게 서비스 할 수 있으며, 좌석 회전율이 높고 빠른 서비스가 가능한 것이 장점이다.

▲ 그랜드하얏트서울 테판레스토랑 카운터서비스 전경

6. 셀프서비스

셀프서비스(Self Service)는 주로 뷔페식당에서 이용되는 방식으로 고객 자신이 기호에 맞는 음식을 직접 접시에 담아 식탁으로 옮겨와 식사하는 방식이다. 뷔페식당에서 많이 이용되므로 '뷔페 서비스(Buffet Service)'라고 한다.

경영자 입장에서는 고객이 셀프서비스를 하므로 업장의 규모나 좌석 수에 비해 종사자 수가 적은 게 장점이지만, 진열된 음식이 남거나 버려지는 경우 식음료 원가가 상승되는 단점이 있다.

▲ 셀프서비스는 고객의 취향대로 먹을 수 있는 장점이 있다.

PART 3

메뉴 관리

Chapter 6 메뉴 관리

Chapter 6 메뉴 관리

제 1 절 메뉴의 개요

1. 메뉴의 개념

오늘날 메뉴(Menu)라는 단어는 매우 다양하게 사용되고 있는데, 메뉴란 단어의 어원은 라틴어의 'Minutus'(상세히 기록한다)와 불어의 'Menue'에서 유래되어 만들어진 말로서 본래 조리사의 요리에 관한 메모였음을 짐작할 수 있다.

현재 사용되고 있는 메뉴의 유래는 다음과 같은 설이 있다.

1541년 프랑스 헨리 8세 때 부룬스윅 공작(Duck Henry of Brunswick)은 자택으로 친지들을 초대하여 만찬회를 가질 때, 공작은 운반되어 온 요리와 자신이 앉은 테이블에 준비된 요리에 대한 리스트가 적힌 메모를 보면서 즐겁게 식사를 하였다. 이를 지켜본 동석자들은 그 착상에 대해 감탄한 나머지 곧바로 흉내 내어 만찬회 등의 연회시에 음식리스트를 작성하여 사용하였는데, 이러한 리스트가 요리에 대한 품목과 코스가 순서대로 설명되어진 것으로 봐서 메뉴의 효시인 것으로 전해지고 있다. 이후부터 귀족들의 연회행사에 음식에 관한 메모지가 유행하게 되었고, 차츰 유럽 각국에 전파되면서 정식 차림표로 사용하게 되었다.

따라서 메뉴는 식음료업장에서 상품(음식, 음료)에 대한 안내 차림표 및 가격표이고, 고객에게는 주문의 수단이 되며, 종사원에게는 요리와 음료를 세일즈 하는 도구라고 할 수 있다.

2. 메뉴의 중요성

1) 수요의 창조와 자극

메뉴는 레스토랑에서 생산되는 품목을 표시하고, 또한 그것을 읽는 고객에게 상품을 전달하고자 하는 인쇄물이다. 그러나 메뉴는 단순히 품목과 가격을 기록한 것이 아니라 고객과 레스토랑을 연결해 주는 무언의 전달자이며, 판매를 촉진시키는 마케팅 도구로써도 중요하게 활용되고 있다.

따라서 메뉴판 표지에 업장 고유의 로고와 디자인, 색상 등은 그 업장을 상징하는 것이고, 메뉴판 자체는 업장의 연출요소이자 분위기를 창출하는 인테리어 역할도 함으로써, 고객의 소비욕구를 자극하고 수요를 창조하는 기본적인 판매촉진의 역할도 하고 있다.

2) 업장의 품격을 결정

메뉴의 구성에 따라 그 업장의 주방설비와 주방요원, 서비스요원, 재료의 선택과 구매 등이 결정되고, 메뉴에 수록된 요리를 생산할 수 있는 기술력을 알 수 있다.

3) 상표충성도 획득

상표충성도(brand royalty)란 어느 특정상표에 대해서 충실하게 계속적으로 선호하는 행동경향을 의미한다. 레스토랑의 입장에서는 상표충성도에 대해 항상 유의하고 특히 자사상품에 대한 시장점유율, 수요의 추이나 변화 등이 문제가 될 경우 세심한 주의가 필요하다.

식음료산업은 유사상품이 범람하여 상표충성도를 부각시키기가 쉽지 않으므로 레스토랑은 메뉴를 이용하여 자사상품의 독특성을 설명하고, 유인함으로써 방문한 고객을 만족시키고 고정고객의 충성도를 높이는 역할을 하고 있다.

4) 판매저항의 제거

판매저항(sales resistance)이란 구매자가 상품구매를 망설인다는 의미로서, 구매자의 입장에서는 구매저항이라고 할 수 있다. 구매저항의 원인으로는 가격, 품질, 서비스 등 여러 가지가 있을 수 있다.

따라서 레스토랑에서는 메뉴를 이용하여 고객들의 가격저항을 줄이기 위해 다양한 가격을 제시하고 있으며, 품질과 선택의 구매저항을 최소화하기 위해 축제메뉴, 페스티벌메뉴, 그날의 특별요리 등 다양한 메뉴를 개발하여 제시함으로써 고객의 구매저항을 감소시키고 있다.

5) 고객과의 약속

레스토랑의 상품은 고객이 직접 눈으로 모든 것을 확인하고 음식을 구매하는 행위가 어렵다. 레스토랑이라는 상품을 대표적으로 표현하는 도구가 바로 메뉴이며, 고객은 메뉴를 통하여 자신이 구매하고자 하는 가치를 확인하고 주문하게 된다. 또한 메뉴는 레스토랑에서 판매하는 상품에 대하여 고객에게 그 가치를 보장한다는 고객과의 중요한 약속의 매개수단이기도 하다.

제 2 절 메뉴의 종류

1. 식사 시간에 의한 분류

1) 조식

유럽식 조식(Continental Breakfast) 유럽식 조식을 다른 말로는 '콘티넨털 블랙퍼스트'라고 한다. 유럽식 조식은 빵과 커피 또는 홍차만 제공되는 간단한 아침 식사이다. 유럽지역의 프랑스나 이탈리아인들이 즐겨 먹는 간단한 아침 식사

습관에서 유래하여 붙여진 명칭이다. 여기에 계란, 햄, 생선 등이 곁들여지면 영국식 조식이 된다.

영국식 조식(English Breakfast) 영국식 조식은 미국식 조식에 생선요리(가자미)가 한 가지 더 추가된 조식 메뉴이다. 미국식 조식에 비해 좀 더 배불리 먹을 수 있지만 바쁜 아침 시간에 생선구이 요리를 추가해야 하는 번거로움 때문에 판매메뉴에서 제외되는 경우가 많다.

미국식 조식(American Breakfast) 미국식 조식을 호텔에서는 '아메리칸 블랙퍼스트'라고 한다. 미국인들이 즐겨 먹는 아침식사 형태를 호텔에서 조식 메뉴로 제공한 데서 유래했기 때문에 붙여진 이름이다.

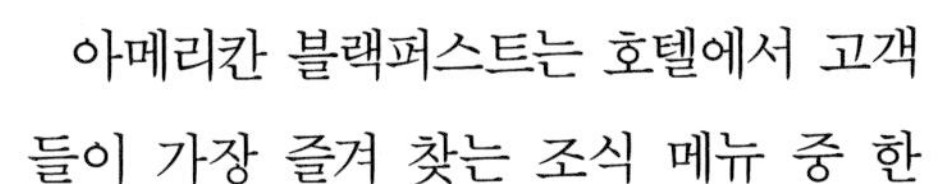

아메리칸 블랙퍼스트는 호텔에서 고객들이 가장 즐겨 찾는 조식 메뉴 중 한 가지이며, 계란요리에 몇 가지 메뉴가 추가되는 것이 특징이다. 미국식 조식의 메뉴 구성은 계란요리, 토스트, 감자튀김, 주스, 커피로 구성되고, 여기에 햄, 베이컨, 소시지 중 한 가지가 선택되어 추가된다.

특별 조식 호텔에서는 든든한 아침식사를 원하는 고객을 위해 미국식 조식에 시리얼이나 죽, 생과일 주스 등을 추가하여 특별 조식을 제공하기도 한다. 이런 경우에 '하얏트 아침식사' '신라 아침식사' 등의 다양한 명칭을 부여하여 판매한다.

* 특별조식은 특정고객의 요청이 있을 때나 프로모션 상품 등으로 기획되어 판매된다.

조식뷔페(Breakfast Buffet) 조식뷔페는 고객들이 가장 선호하는 아침 식사 중 한 가지이며, 호텔입장에서도 여러 가지 장점이 있기 때문에 규모가 큰 호텔일수록 조식뷔페 판매를 선호한다. 호텔입장에서는 10여 가지 종류의 조식 메뉴를 테이블에 진열하여 놓으면 고객이 스스로 덜어 먹기 때문에 많은 종사원들이 필요치 않고, 고객입장에서는 주문하고 기다리는 번거로움 없이 다양한 메뉴를 선택할 수 있어 편리하다.

〈조식에 제공되는 달걀 프라이드(Fried Egg)의 종류〉

- Sunny Side Up : 태양이 뜨는 모습을 표현한 것으로 한 면만 익힌 것
- Turned Over : 양면을 익힌 계란 요리로써 3가지로 분류
  - Over Easy : 계란의 양면을 살짝 익힌 것
  - Over Medium : 계란의 양면을 중간 정도 익힌 것
  - Over Hard : 계란의 양면을 완전히 잘 익힌 것

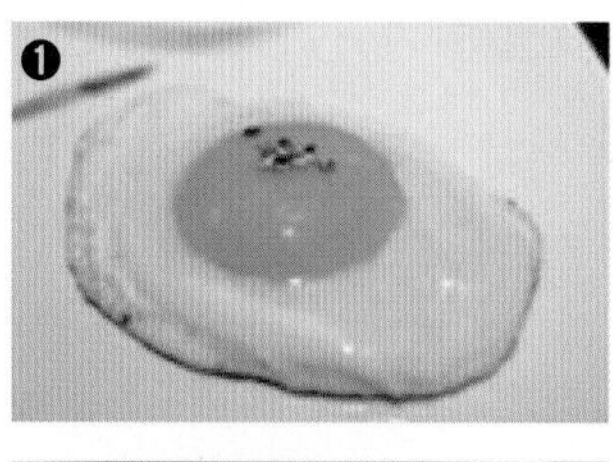

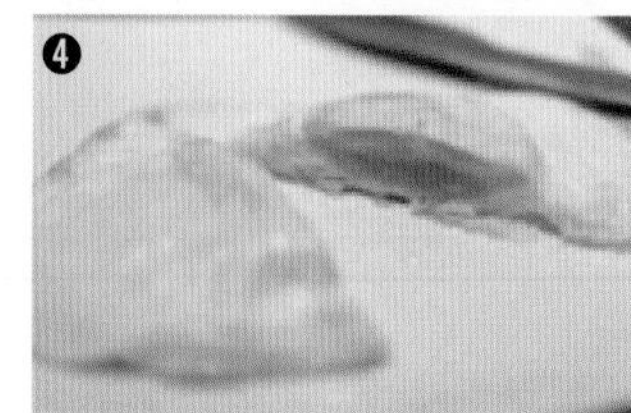

① 써니싸이드업
② 오버이지
③ 오버미디움
④ 오버하드

표 6-1 조식에 제공되는 달걀 요리의 종류

달걀 요리	달걀 요리의 내용
	삶은 달걀(Boiled Egg) 익힘 정도에 따라 3가지로 분류 –미숙(Soft Boiled Eggs) –반숙(Medium Boiled Egg) –완숙(Hard Boiled Egg)
	수란(Poached) 물로 데쳐 만든 수란은 그대로 샐러드나 빵에 곁들여 먹거나 에그 베네딕트도 만들 수도 있다.
	스크램블드(Scramble) 계란 2개에 한 스푼 정도의 우유 또는 생크림을 넣고 잘 휘저으면 잘게 부서진 스크램블 계란 요리가 된다.
	오믈렛 에그(Omelette) 오믈렛은 프랑스의 대표적인 달걀 요리이다. 달걀 반죽을 익힌 후 고기나 야채 등 속 재료를 올리고 달걀을 말아 접어 만든다.
	에그 베네딕틴(Benedict) 잉글리시 머핀을 반으로 잘라 구운 후, 그 위에 슬라이스 햄이나 캐나디안 베이컨을 올리고, 수란과 홀랜다이즈 소스를 올린 샌드위치

표 6-2 조식에 제공되는 빵의 종류

빵의 종류	빵의 내용
	**크로와상(Croissant)** 조식에 제공되는 대표적인 빵으로 계란, 버터, 우유 등을 넣어 만든 초생달 모양의 빵
	**바게트(Baguette)** 불어로 '막대기'란 뜻으로 모양이 길고 속살은 말랑하여 겉은 바삭한 빵
	**콘머핀(Corn Muffin)** 옥수수를 재료로 한 영국의 전통 빵
	**스위트 롤(Sweet Roll)** 일명 '화이트 롤', 또는 모닝 빵, 소맥분으로 만든 빵
	**라이 브래드(Rye Bread)** 호밀로 만든 거무스름한 빵
	**토스트(Toast)** 식빵으로 아무 것도 바르지 않고 구운 플레인 토스트(Plain Toast)와 양념을 묻혀 팬에 구운 프렌치토스트(French Toast)가 있다
	**베이글(Bagel)** 도넛형의 딱딱한 롤빵. 유대 인의 전통적인 빵으로, 발효시킨 반죽을 살짝 데쳐서 구워 낸다.

2) 브런치

브런치(Brunch)는 아침 겸 점심식사로 'Breakfast'와 'Lunch'의 합성어이다. 시간적으로는 10:00~12:00시 사이에 제공된다. 브런치 메뉴는 아침에 늦게 일어나는 고객들을 위해 제공되기 때문에 주로 리조트호텔에서 판매하거나, 상용호텔의 경우 주말이나 공휴일에 판매하는 메뉴이다.

브런치 메뉴로는 샐러드, 팬케이크, 주스, 빵류(토스트·크로아상·패스트리·머핀), 오믈렛 또는 스크램블에그, 커피 또는 차, 과일 등이 제공된다.

▲ 브런치 메뉴는 조식 메뉴보다 푸짐하게 제공된다.

3) 점심

점심(Lunch)은 시간적으로 12:00~14:00시 사이에 제공된다. 보통 저녁보다는 가벼운 메뉴로 판매되기 때문에 일품요리나 샌드위치[1] 등이 판매되고, 가격은 저녁에 비해 저렴하다.

4) 애프터 눈 티

애프터 눈 티(Afternoon Tea)란 오후 3~4시경에 먹는 간식을 말한다. 영국인들의 식생활 문화 중 하나는 오후에 홍차를 마시는 습관이 있는데, 홍차에 우유를 듬뿍 넣어 희멀겋게 마시는 밀크티와 토스트를 점심과 저녁 사이에 간식으로 먹는 것에서 유래하였다. 우리나라로 말하면 오후에 먹는 새참 정도이다.

1 샌드위치(Sandwich)는 영국이 원조인데, 18세기에 카드놀음에 열중한 영국의 샌드위치 백작이 밥 먹는 시간마저 아까워 빵 사이에 고기와 야채 등을 끼워 먹은 것에서 유래됐다.

▲ 에프터눈 티에는 홍차와 케익류, 과자류가 제공된다.

5) 저녁

저녁(Dinner)은 질이 좋은 음식을 충분한 시간적인 여유를 가지고 즐길 수 있는 식사이다. 저녁 메뉴는 선택의 폭이 다양하고 주로 코스 메뉴 위주로 판매되는 것이 일반적이다. 메인요리로는 스테이크(Steak), 로스트 비프(Roast Beef)[2], 치킨(Chicken), 해산물(Seafood), 파스타(Pasta) 등으로 구성되고, 고객의 취향에 따라 칵테일, 와인 등의 음료가 곁들여진다.

▲ 저녁 만찬에는 대표적으로 코스 요리가 제공된다.

2 로스트 비프(Roast Beef) : 기름기 있는 고기를 덩어리째 오븐에 구워낸 요리로서, 고기를 구울 때 나오는 육즙에 적포도주를 넣어 만든 그레비 소스 등을 곁들여 먹는다.

2. 식사 코스에 의한 분류

호텔에서는 양식 메뉴 중 고객의 메뉴 주문 선택 여부에 따라 일품요리, 정식요리, 콤비네이션 메뉴로 분류할 수 있다. 이를 살펴보면 다음과 같다.

1) 알라카르트(일품요리) 메뉴

일품요리(一品料理)의 불어식 표현은 '알라카르트(A La Carte)'이다. 알라카르트 메뉴는 각 코스별로 가격이 매겨진 몇 가지씩의 메뉴를 나열해 놓고, 그중 고객의 식성대로 한 가지씩 따로따로 선택하여 주문하는 메뉴를 말한다. 식당에 갔을 때 메뉴에 'A La Carte Menu'가 있다면, 그 의미는 음식을 Full Course Meal로 시킬 필요 없이 '단품'으로 주문할 수 있는 메뉴를 말한다.

일품요리는 코스 메뉴에서 제공되는 품목보다 종류가 더 많으며, 각각의 코스요리 품목들이 개별적으로 주문되고, 이러한 음식 가격이 합산되기 때문에 어떤 경우는 풀코스 메뉴보다 더 비싼 금액을 지불해야 한다.

2) 풀코스(정식) 메뉴

풀코스 메뉴(Full Course Menu)를 다른 말로 '정식메뉴' 불어로는 '따블도트 메뉴'(Tabel d'hote Menu)라고 한다. 풀코스 메뉴의 특징은 코스별로 요리의 종류와 순서가 메뉴판에 미리 정해져 있기 때문에 고객은 별도 품목을 선택할 수 없으며, 제공되는 코스 순서대로 식사를 해야 한다.

풀코스 메뉴는 격식을 갖추어 차린 정찬에 적합한 메뉴이며, 메뉴의 코스는 애피타이저·수프·생선·메인요리·샐러드·디저트·식후음료 순으로 제공되는 게 일반적이다.

3) 콤비네이션 메뉴

콤비네이션(Combination)은 그 단어에서 알 수 있듯이 조합, 결합을 뜻하고 있으며, 여러개 중 몇 개를 순서에 상관없이 한 쌍으로 뽑아내어 모은다는 뜻이다. 따라서 콤비네이션 메뉴는 풀코스요리, 일품요리 등의 메뉴에서 장점만을 혼합하여 만든 메뉴로서 연회메뉴 등이 대표적이다.

연회메뉴(Banquet Menu)는 정식메뉴와 일품요리의 성격을 겸한 메뉴로서 사전에 요리의 종류와 메뉴 수에 따라 양식, 한식, 중식, 뷔페식 등에서 다양한 가격대로 구성할 수 있다. 또한 연회예약을 받을 때 고객과 협의하여 고객이 원하는 메뉴를 세트화하여 구성하기도 한다.

3. 일시적 특별 메뉴

1) 축제메뉴(Festival Menu)

호텔에서는 특정 국가의 축제일이나 기념일에 축제의 성격에 맞는 음식들을 판매하고 있는데, 예를 들면 추수감사절의 칠면조 요리 등이 있다. 그러나 최근에는 특급호텔을 중심으로 특정 기념일이 아니더라도 호텔 자체적으로 축제를 기획하여 축제메뉴를 판매하기도 한다.

▲ 크리스마스 기념 노엘 케이크

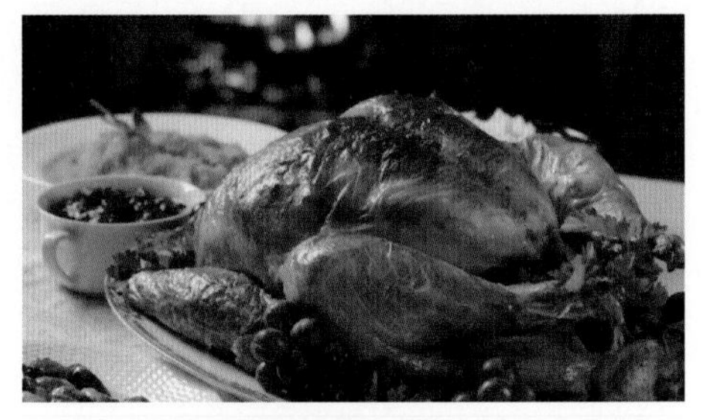

▲ 추수감사절 기념 칠면조 요리

2) 계절메뉴(Seasonal Menu)

식자재의 성숙기인 계절을 선택하여 제철에 어울리는 음식들을 상품화하여 판매하는 메뉴이다. 즉, 계절메뉴는 계절에 따라 변화하는 순환메뉴이다. 호텔에서 순환 메뉴는 고정메뉴와 반대되는 개념으로 시간이 지남에 따라 오래된 메뉴를 변경하고, 새로운 메뉴를 선보이는 것이다. 레스토랑 입장에서도 새롭고 흥미로운 메뉴개발을 통해 고객의 재방문을 유도할 수 있다. 계절메뉴의 재료는 과일과 야채, 생선, 육류 등 다양하다.

▲ 딸기를 이용한 계절메뉴(딸기주스)

▲ 봄나물을 이용한 계절메뉴(곤드레밥)

3) 그날의 특별메뉴(Daily Special Menu)

특급호텔의 레스토랑에서는 요일별로 주방장의 특별요리를 추천하여 판매하고 있는데, 매일매일 다르게 준비된 음식들은 고객들에게 반복되는 메뉴에 대한 권태기를 없애주고, 레스토랑의 매출액을 촉진시키는 역할을 하고 있다.

제 3 절 메뉴 가격전략

레스토랑 메뉴의 가격은 모든 마케팅 믹스와 전략에 있어서 소비자와의 최종 커뮤니케이션 역할을 한다. 아무리 우수한 메뉴라도 가격이 지나치게 높으면 판매가 저조하며, 품질이 떨어지는 메뉴도 가격이 상대적으로 낮다면 가치가 오르게 된다.

따라서 메뉴의 가격결정 방법은 시장에서 수요와 공급, 경쟁가격 등으로 결정되는데 상황에 따라 전략적 선택이 요구된다.

1. 비용지향적 가격결정

1) 마진확보 가격결정

마진확보 가격결정은 사전에 결정된 마진을 메뉴원가에 추가하는 방법이다. 마진확보에 의하여 가격을 결정하는 공식은 다음과 같다.

$$판매가격 = 메뉴원가 + 결정된\ 마진$$

> 예) 스테이크의 메뉴원가가 50,000원이고 마진을 메뉴원가에 30%를 계획한다면 스테이크의 판매가격은 얼마인가?
>
> 50,000원 + (50,000원 × 0.3) = 65,000원

2) 목표원가에 의한 가격결정

일정한 마진을 확보하기 위해서는 원가가 적절해야 하는데 원가를 목표로 하여 가격을 결정하는 방법이다. 가격결정의 공식은 다음과 같다.

$$판매가격 = \frac{총\ 식자재비용}{식자재\ 목표원가}$$

> 예) 안심 스테이크 1인분을 만드는데 총 식자재 비용이 30,000원이 소요되고, 판매가격에 대한 식자재 목표원가를 30%로 책정했다면 판매가격은 얼마인가?
>
> $$판매가격 = \frac{30{,}000원}{0.30} = 100{,}000원$$

2. 경쟁지향적 가격결정

일정한 공식에 의해 가격을 산출하기 보다는 경쟁자의 가격을 고려하여 가격을 결정하는 방법으로 일반적으로 3가지가 이용된다.

1) 경쟁사와 비슷한 가격 : 메뉴나 원가가 비슷한 경우
2) 경쟁사보다 높은 가격 : 메뉴와 서비스가 차별화되어 초기에 시장진입이 가능한 경우
3) 경쟁사보다 낮은 가격 : 경쟁사의 시장을 잠식하거나 방어하기 위한 경우

3. 마케팅지향적 가격전략

1) 촉진(Promotion) 가격

판매촉진(sales promotion)의 일환으로서 메뉴의 양적 판매를 촉진하기 위해 가격할인에 중점을 두는 전략이다. 특히 몇 가지 메뉴를 희생시킴으로써(loss leader) 주 판매대상 메뉴의 촉진을 극대화시키는 것이 촉진적 가격전략의 목표이다.

라스베이거스의 대규모 호화 카지노호텔에서는 객실이 50불 미만, buffet가 10불 미만인 경우가 흔하다. 즉 라스베이거스에서는 주 수입원인 카지노 매출의 극대화를 위하여 객실과 식음료 제품조차 모두 촉진가격에 해당된다.

2) 추종(Going Rate) 가격

추종가격이란 시장선도자 가격, 혹은 기타 경쟁사 가격을 모방하는 가격을 의미한다. 추종가격은 소비자들이 제품 간의 차이를 크게 인식하지 못할 때, 경쟁사의 가격 책정이 합리적일 때, 시장의 지불의사가 있는 적정가격일 때 효과적으로 적용될 수 있다.

3) 프리미엄(Premium) 가격

브랜드 이미지와 상품을 고급화하여 경쟁사보다 가격을 높게 책정하여 경쟁사의 제품과 차별화를 시도하는 이른바 프리미엄 마케팅이 최근 여러 업계에서 유력한 가격 전략으로 각광받고 있다.

예를 들어 가야 '당근농장'은 런칭 광고 때부터 '조금 비싸지만 고급 제품'이라는 인식을 심어 주었으며, 소주시장에서도 보해의 '곰바우', 진로의 '참나무통 맑은소주'는 프리미엄 소주를 선보여 소주시장의 판도를 바꾸어 놓았다. 이러한 프리미엄 브랜드를 이용한 고가 전략을 프리미엄 가격전략이라고 한다.

4) 기대(Expectation) 가격

어떠한 메뉴이건 소비자들이 수용할 수 있는 가격의 범위가 있다. 아무리 좋은 메뉴도 그 범위를 초과하면 소비자들의 가격 저항감(price resistance)을 유발하게 되며, 반면에 가격이 지나치게 낮으면 소비자들은 메뉴의 품질을 의심하게 된다.

일반적으로 고객들은 그들의 직급이나 생활정도에 따라 그들이 레스토랑을 방문하기 전에 이미 구매할 수 있는 가격범위를 머릿속에 기대하고 방문하며, 그들이 지불할 수 있는 경비 범위 내에서는 가격에 민감하게 반응하지 않는다. 호텔의 마케터는 이것을 잘 파악하고 가격 책정에 이용하여야 한다.

5) 심리적(Psychological) 가격

제품의 품위 유지 가격과 같은 것들은 일종의 심리적인 가격에 속한다고 볼 수 있다. Odd Pricing(홀수 또는 단수 가격)이 전형적인 심리적 가격의 예이다. 즉, 어떤 제품의 가격을 10,000원으로 하는 것보다 9,980원으로 판매 가격을 정하는 것이 가격 저항이 덜할 것 같은 소비자의 심리를 교묘히 이용한 가격 전략이다. 여기서 10,000원과 9,980원은 단지 20원 차이지만, 9,980원은 10,0000원 보다 심리적으로 훨씬 싼 것 같은 느낌을 줄 수 있다.

6) 제품다발(Product bundling) 가격

제품다발 가격전략은 여러 메뉴를 묶어 하나의 가격으로 판매하는 것이다. 국내 호텔들은 비수기에 객실, 식음료, 휘트니스를 하나의 가격으로 판매하는 것이 좋은 예이다.

McDonald's, Burgerking 등 유명 햄버거 레스토랑에서 가장 흔히 볼 수 있는 가격전략으로 고객에게는 낮은 가격으로 여러 제품을 구매할 수 있는 혜택이 있으며, 동시에 공급자는 여러 제품의 다량판매로 매출을 극대화시킬 수 있다는 장점이 있다.

7) 거품(Skimming) 가격

이 가격 전략은 흡수 가격 전략이라고 불리는데, 제품이 시장에 도입된 초기 단계에서 고가격으로 접근하면서 점차 성장기, 성숙기, 쇠퇴기에 이르면서 계속적으로 가격을 하락시키는 방법을 말한다.

8) 시장침투(Penetration) 가격

시장침투 가격은 제품의 도입기에는 저가격 전략을 지향하다가 시장의 점유율이 향상됨으로써 가격을 점차로 올리는 방법을 말한다. 이 전략은 여러 경쟁 제품이 치열하게 포진되어 있는 상태에서 신제품을 론칭(launching)할 때 사용하는 가격 전략으로 저렴한 가격이지만, 경쟁 제품과 비교하여 손색 없는 품질과 서비스를 무기로 시장에 진입할 때 활용해 볼 수 있다.

Chapter 7 양식 코스 메뉴

Chapter 7 양식 코스 메뉴

제 1 절 양식 메뉴의 이해

1. 서양 요리의 개념

서양 요리(Western Cooking)는 서양의 요리이다. 비슷한 말로는 '양식'(洋食)이 있으며 세계를 동양과 서양으로 구분할 때 유럽과 미국에서 발달한 요리의 총칭으로 사용된다. 즉 동아시아 사람들이 동양 요리, 또는 아시아식 요리와 대조하여 부르는 용도이다.

서양 요리의 범위는 일반적으로 프랑스 요리와 이탈리아 요리 등을 말하지만 넓게는 유럽 요리뿐만 아니라 북아메리카, 오스트레일리아와 라틴아메리카의 요리, 즉 유럽의 이주민들이 아주 큰 영향을 끼친 이주민 요리까지도 포함된다.

국내에서는 프랑스·영국·독일·이탈리아 및 미국의 요리가 혼성된 것이나 한국식으로 변화된 것 등을 통틀어 서양 요리라고 하는데, 실제로 서양 요리의 중심은 프랑스 요리이며, 국제적인 연회에서는 프랑스식의 조리법이 사용되고, 메뉴도 프랑스어로 적는 것이 관례이다.

우리나라에 서양 요리가 전해진 시기를 살펴보면 서양식 호텔의 등장과 함께 하고 있다. 1902년 서울에 손탁호텔이 개관하면서 2층은 객실로 사용되고, 1층은 회의장과 레스토랑을 갖추었는데, 이때의 레스토랑에서 프랑스 요리를 선보였으며 상류층을 중심으로 양식 메뉴의 인기가 높았다.

이후 1930년에는 국내 최초로 서양요리 책이 발간되었고(경성서양부인회 편), 일제 강점기에는 각급학교 가사 시간에 서양요리를 가르쳤으며, 8·15광복 이후 오늘날까지 서양 요리는 우리 식생활에서 큰 비중을 차지하게 되었다.

2. 양식의 특징

양식의 특징은 아침·점심·저녁·정찬·티타임(tea time) 등에 따라 차리는 음식과 조리 방법이 다르고, 재료도 다양하다는 점이다. 이 외에 건열조리가 발달하여 오븐을 주로 사용하므로 식품의 맛과 향기를 잘 살릴 수 있으며, 각종 향신료와 주류를 사용하여 음식의 향미를 좋게 하고, 재료와 조리법에 어울리는 많은 소스가 개발되어 음식 위에 소스를 끼얹어 맛과 영양을 보충한다. 이 외에 양식의 간단한 특징을 열거해 보면 다음과 같다.

아침 식사 아침에 먹는 식사로서 가벼운 아침 식사, 보통 아침 식사, 여러 가지를 갖춘 아침 식사 등이 있다.

점심 식사 아침보다는 약간 풍성하게 먹는 편인데, 샌드위치로 가볍게 먹는 경우와 일품요리 또는 육류 요리와 채소요리까지 곁들이는 경우가 있다.

저녁 식사 간소하게 먹는 저녁 식사와 주된 요리에 수프 등을 갖춘 가족 디너가 있다. 가족 디너의 식단은 수프·주요리(생선 또는 고기)·샐러드·디저트·음료 등으로 구성된다.

정찬 정찬은 손님을 초대해서 대접할 때 또는 행사가 있을 때 격식을 갖추어 차리는 성찬으로, 점심때 차리는 것을 오찬, 저녁때 차리는 것을 만찬이라고 한다. 정찬의 경우 풀코스 메뉴가 제공되는 게 일반적이며, 제공되는 코스 메뉴의 종류에 따라 가격에 차이가 있으며, 코스 메뉴에 따라 2~3코스부터 12코스 이상까지 그 종류가 다양하다.

3. 풀코스 메뉴의 구성

1) 풀코스 메뉴의 개념

풀코스 메뉴(Full Course Menu)란 요리의 종류와 순서가 미리 정해져 있어 정해진 순서에 따라 음식이 제공되는 메뉴를 말한다. 한국식 표현은 '정식(定食)', 불어식 표현은 '테이블 도트'(Table d'hote) 영어식 표현은 풀코스 또는 '세트 메뉴(Set Menu)'라고 한다. 본서에서는 코스요리에 대한 여러 표현 중 '정식' 또는 '풀코스'라는 두 용어를 혼용하여 사용하기로 한다.

각 나라마다 다양한 음식과 관습에 따라 여러 코스로 이루어진 풀코스 요리를 즐기고 있는데, 표현방식은 다르지만 한국에는 한정식(韓定食)이 있고, 일본에는 회석요리(会席料理), 중국에는 정탁요리(定棹料理)라는 풀코스 메뉴가 있다.

국내에서도 파인 다이닝(Fine-Dining)이라고 불리는 고급 레스토랑에서 해당 풀코스 식단을 주력으로 선보이고 있으며, 이러한 풀코스 메뉴가 보다 대중적으로 다가가기 위하여 애피타이저나 디저트 등을 축소한 양식 식단이 등장하였는데 이를 경양식이라고 부른다.

▲ 양식 풀코스 메뉴 모습

2) 풀코스 메뉴의 코스 구성

풀코스 메뉴는 코스의 종류와 주요리를 무엇으로 정하느냐에 따라 가격에 차이가 있으며, 코스 순서도 와인을 제외한 음식만으로 10가지 이상을 구성할 수 있다. 하지만 현대로 들어서면서 합리적 비용과 빠른 시비스, 긴강을 강조하는 식단으로 트렌드가 변하면서 간소화된 코스 메뉴를 선보이거나, 식사 상황에 맞게 식사 코스를 조정할 수 있다.

하지만 풀코스 메뉴로 불리기 위해서는 최소한 애피타이저-메인요리-디저트의 3단계가 갖추어져 있어야 하며, 이를 기반으로 메뉴의 종류나 코스를 상황에 따라 탄력적으로 추가하거나 줄일 수도 있다. 일반적으로 호텔에서 선호하는 코스의 메뉴 구성을 살펴보면 다음과 같다.

- 3코스: 애피타이저+메인요리+디저트(가장 기본적인 구성)
- 5코스: 애피타이저+수프+메인요리+샐러드+디저트
- 7코스: 애피타이저+수프+생선요리+셔벗+메인요리+샐러드+디저트
- 9코스: 애피타이저+수프+생선요리+셔벗+메인요리+샐러드+치즈+디저트+커피
- 10코스 이상: 9코스에서 메뉴 추가

표 7-1 풀코스 메뉴의 코스 구성

코스 순서	3코스	5코스	7코스	9코스
애피타이저 Appetizer	○	○	○	○
수프 Soup		○	○	○
생선요리 Fish			○	○
셔벗 Sherbet			○	○
메인요리 Main Dish	○	○	○	○
샐러드 Salad		○	○	○
치즈 Cheese				○
디저트Dessert	○	○	○	○
식후음료 Coffee or Tea				○

제 2 절 양식 코스 메뉴의 이해

오늘날 전 세계적으로 가장 세련되고 우아한 요리를 꼽는다면 양식 풀코스(정식) 요리를 꼽을 수 있다. 정식 요리는 서양요리의 대명사이자 호텔레스토랑의 대표 메뉴이다. 따라서 본서에서는 양식 메뉴의 이해를 위해 코스 메뉴를 9가지로 분류하고 이를 순서대로 살펴보기로 한다.

1. 애피타이저

1) 애피타이저의 의의

애피타이저(Appetizer)는 식사 전에 나오는 모든 요리의 총칭으로 불어로는 '오르되브르(Hors D'oeuvre)', 우리말로는 '전채(前菜)'라고 부른다. 오르되브르의 오(Hors)는 전(前)의 의미이고, 드블(D'oeuvre)은 '식사'라는 뜻으로 '식사 전에 먹는 가벼운 음식'이라는 뜻이다.

양식의 본 요리는 수프부터 시작되는데 애피타이저는 수프 전에 제공되어 식욕을 촉진시켜 주고 공복을 달래주는 역할을 하므로, 주요리의 맛을 손상시키지 않는 범위 내에서 소량으로 제공된다. 따라서 애피타이저는 분량이 작아 한입에 먹을 수 있어야 하며, 짠맛 혹은 신맛이 있어 위액의 분비를 촉진시킬 수 있어야 한다.

용도에 따라 풀코스요리로 제공될 때는 포크와 나이프를 사용하며, 칵테일 등의 술안주로 제공될 때는 손으로 집어먹는 야채스틱, 카나페, 스낵 등으로 제공되는 게 일반적이다.

2) 애피타이저의 종류

애피타이저는 제공되는 온도에 따라 차가운 애피타이저(Cold Appetizer)와 뜨거운 애피타이저(Hot Appetizer)가 있으며, 차가운 애피타이저로는 캐비아, 훈제연어, 생굴 등이 있으며, 뜨거운 애피타이저는 달팽이 요리, 송로버섯 등이 있다.

본 장에서는 세계 4대 진미 애피타이저로 꼽히는 푸아그라, 캐비아, 송로버섯, 달팽이 요리와 함께 대중적 애피타이저로 인기가 높은 카나페, 훈제연어 등을 살펴본다.

표 7-2 애피타이저의 종류

애피타이저	애피타이저의 내용
	푸아그라(Foie Gras) 푸아그라는 '기름진 간'이란 뜻으로, '거위 간'을 각종 향신료와 채소, 와인과 브랜디 등을 넣어 반죽하여 묵처럼 만든 거위 간 요리다.
	캐비아(Caviar) 캐비아는 본래 '소금에 절인 생선의 알'을 의미하지만, 전 세계적으로 '철갑상어의 알을 소금에 절인 것'으로 통용된다.
	송로버섯(Truffle) 송로버섯, 즉 트러플은 인공 재배가 전혀 되지 않아 '땅속의 다이아몬드'로 불린다. 송로버섯은 향이 강하므로 얇게 잘라서 제공된다.
	달팽이(escargot) 에스카르고(escargot)는 프랑스어로 "달팽이"를 뜻하며, 보통은 껍질째 뜨겁게 제공되므로 달팽이를 고정시키는 작은 원형의 홈이 파인 전용 접시에 담아내며, 전용 집게와 포크를 사용해서 먹는다.
	카나페(Canape) 카나페는 식빵이나 크래커 위에 버터를 바르고 어패류 · 육류 · 치즈 · 달걀 등을 얹어 한입에 먹을 수 있도록 만든 서양의 전채요리이다.
	훈제연어(Smoked Salmon) 훈제연어는 소금에 절인 연어고기를 연기에 익혀 말리면서 그 연기의 성분이 흡수되게 한 요리이다.

2. 수프

1) 수프의 의의

수프(Soup)를 불어로는 포타지(Potage)라고 부르는데 애피타이저가 제공되지 않을 때는 실질적으로 첫 번째 음식에 해당된다. 수프는 입안을 촉촉하게 적셔주고 영양가가 높을 뿐만 아니라 위장을 달래주어 식욕을 촉진시키는 역할을 한다.

수프는 육류고기, 고기뼈, 야채, 향신료 등을 섞어 5~6시간 동안 끓여낸 육수(스톡 : Stock)에 다양한 재료를 섞어 만든 음식이다. 따라서 수프의 기초가 되는 것은 육수라 할 수 있으며 스톡이 맛있느냐에 따라 수프나 소스의 맛도 달라진다.

2) 수프의 종류

수프는 농도에 따라 전분을 넣지 않아 맑은 국물상태의 맑은 수프(Clear Soup)와 전분을 함유하여 걸쭉한 것이 특징인 진한수프(Thick Soup)로 나뉜다.

(1) 맑은수프(Clear Soup)

콩소메(Consomme) 콩소메는 맑은 수프의 대명사로 쓰일 정도이다. 스톡에 쇠고기와 야채를 넣어 끓인 다음 기름을 걸러 낸 맑은 국물 상태이다. 콩소메는 더운 콩소메와 차가운 콩소메로 나뉘며 그 종류가 매우 다양하다.

▲ 비프 콩소메

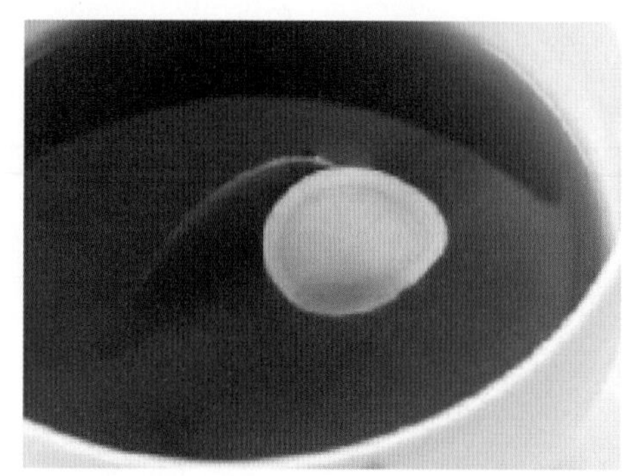

▲ 인삼 콩소메

(2) 걸쭉한 수프(Thick Soup)

크림수프(Cream Soup) 스톡에다 밀가루를 버터로 볶아 우유를 넣어 만든 수프이다. 대표적으로 치킨 크림수프(Chicken Cream Soup), 생선 크림수프(Fish Cream Soup), 야채 크림수프(Vegetable Cream Soup), 토마토 크림수프(Tomato Cream Soup) 등이 있다.

▲ 옥수수 크림수프

▲ 양송이 크림수프

퓌레 수프(Puree Soup) 퓌레 수프는 야채를 넣고 끓인 다음 잘게 분쇄하거나 갈아서 체로 걸러 부용(bouillon)과 혼합하여 진하게 만든 수프를 말한다. 퓌레는 이탈리아의 미네스트로네 수프, 프랑스의 양파수프, 미국의 크램차우더 수프 등이 유명하다.

- 미네스트로네 수프(Minestrone Soup) : 야채와 파스타를 넣은 이탈리아식 수프
- 양파 수프(Onion Soup) : 프랑스의 대표적인 양파 크림수프
- 크램차우더 수프(Clam Chowder Soup) : 조개류와 야채로 만든 미국식 수프

▲ 미네스트로네 수프

▲ 양파 수프

▲ 크램차우더 수프

3. 생선

생선요리(Fish Dish)는 생선을 주재료로 하여 만든 요리의 총칭으로 코스요리에서 수프 다음으로 제공되는 메뉴이다. 생선요리는 지방이 적고 단백질이 풍부하여 건강식으로 즐겨 찾을 뿐만 아니라 여성들도 즐겨 찾으며 종교적인 이유로 육류요리를 먹지 않는 고객들이 생선요리를 선택하기도 한다. 하지만 코스의 가지 수를 줄여야 할 경우 코스에서 생략하거나 육류요리를 대신하여 메인요리로 제공되기도 한다.

생선요리는 다른 요리와 달리 신선도가 맛에 절대적인 영향을 미치고 생선 자체에 응집력이 없으므로 서비스할 때 조심스럽게 다루어야 한다. 또한 비린내가 나지 않도록 요리하는 것이 중요하고, 생선요리를 먹을 때는 비린내를 제거하거나 맛을 내기 위하여 벨루테 소스(Veloute Sauce) 등을 끼얹어 먹는다.

완성된 요리를 서브할 때는 생선의 머리가 고객의 좌측에, 배 부분은 고객의 앞쪽에 오도록 놓아야 하며, 백포도주(White Wine)가 함께 제공되는 것이 일반적이다. 생선요리에 사용되는 생선의 종류는 크게 바다생선, 민물생선, 갑각류, 조개류, 연체류 등이 있으며 이를 살펴보면 〈표 7-3〉과 같다.

▲ 연어요리

▲ 농어요리

▲ 새우요리

표 7-3 생선의 종류

구 분	생선 종류
바다생선	참치, 대구, 농어, 도미, 청어, 혀가자미, 넙치 등
민물고기	송어, 연어, 은어, 뱀장어 등
갑각류	랍스터, 대게, 왕새우, 새우 등
패류	전복, 홍합, 가리비, 대합, 굴 등
연체류	문어, 오징어 등

4. 셔벗

셔벗(Sherbet)을 불어로는 소르베(Sorbet)라고 한다. 셔벗은 생선요리와 육류요리 사이에 제공되는데, 생선요리를 먹은 다음 입안을 개운하게 하려는 목적으로 제공된다. 즉 셔벗을 통해 입안에서 생선 냄새를 완전히 제거하고, 육류요리의 풍미를 제대로 음미하면서 먹기 위한 목적이다.

셔벗은 과일즙이나 샴페인을 섞어서 만든 얼음과자의 일종으로 과일 맛이 나고 입에 넣으면 사르르 녹는 빙과류의 일종이다.

▲ 딸기 셔벗

▲ 라즈베리(raspberry) 셔벗

5. 육류

육류 요리는 풀코스 메뉴의 메인요리(Main Dish)로써 불어로는 앙뜨레(Entree)라고 한다. 메인요리에 가장 선호되는 품종은 단연 쇠고기 요리이며, 쇠고기 요리는 대부분 '스테이크(Steak)'로 제공된다.

1) 육류 요리의 종류

(1) 쇠고기

스테이크(Beef Steak)란 '두꺼운 살코기'를 의미하며, 비프스테이크(Beef Steak)

는 쇠고기를 두껍게 잘라 구워낸 요리이다. 비프스테이크는 고기 부위에 따라 안심 스테이크, 등심스테이크, 갈비부위 스테이크로 구분한다.

① 안심 스테이크

안심 스테이크(Tenderloin Steak)는 소고기 등뼈 안쪽에 위치한 안심 부위로 지방이 거의 없고 부드러운 육질을 갖고 있어 가장 인기가 높은 최고급 스테이크에 속한다. 안심은 부위에 따라 다시 3가지 요리로 세분된다.

샤또브리앙(Chateaubriand) 샤또브리앙은 소고기 안심 부위 중 가운데 부분을 6~10cm로 두껍게 잘라 요리하며, 프랑스 샤또브리앙 남작이 즐겨 먹었다고 하여 붙여진 이름이다.

또르느도(Tournedos) 안심 부위 중 앞쪽 끝을 잘라내어 베이컨에 감아서 구워내는 스테이크이다. 또르느도란 '눈 깜짝할 사이에 요리가 된다'는 의미이다.

필레미뇽(Fillet Mignon) 안심 끝부분을 둥글게 자른 것으로 소스로 장식하거나 베이컨으로 감아 구워내는 스테이크이다.

▲ 샤또브리앙 굽는 모습

▲ 완성된 샤또브리앙 스테이크

② 등심 스테이크

등심은 소의 등뼈에 붙은 부위로 기름기가 많고 연하며 부드럽다. 등심을 이용한 스테이크로는 부위에 따라 서로인 스테이크, 티본 스테이크, 뉴욕 컷 스테이크, 포터하우스 스테이크 등이 있다.

서로인 스테이크(Sirloin Steak) 서로인 스테이크는 쇠고기의 허리 윗부분(Loin)의 살을 두툼하게 썰어 구워 만든 요리이다. Sirloin은 최고의 맛있고 귀한 고기라는 점에서 로인(Loin)에 귀족의 호칭인 Sir를 붙여 명명된 스테이크이다.

티본 스테이크(T-born Steak) T자형의 뼈를 사이에 두고 한쪽은 등심, 다른 한쪽은 안심이 붙어 있어 한 번에 두 종류의 맛을 볼 수 있는 스테이크이다.

뉴욕 컷 스테이크(New York Cut Steak) 등심 중에서 기름기가 적은 부분을 잘라 놓은 모습이 뉴욕주의 지도와 비슷하다고 붙여 명명된 스테이크이다.

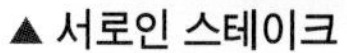

▲ 서로인 스테이크

▲ 티본스테이크

▲ 뉴욕 컷 스테이크

③ 갈비 부위 스테이크

갈비 부위 스테이크(Rib Steak)는 소의 갈비 부위로 요리한 스테이크이다. 갈비는 갈비뼈의 모양을 살려서 손질한 쇠고기 정형이다. 갈비 부위는 마블링이 풍부하고 기름진 맛이 난다. 일반적으로 립 스테이크(Rib Steak)는 등쪽 갈비 부위로 만든 스테이크를 말한다.

갈비는 단시간에 구워서 조리하는 립 스테이크와 장시간 동안 천천히 익히는 바비큐로 둘 다 쓰일 수 있으며, 한국의 전통적인 양념갈비 방식을 통해 거의 웰던에 가까운 익힘으로 먹어도 맛있다.

▲ 갈비 뼈의 모양을 살려서 요리한 립 스테이크 모습

(2) 송아지

송아지(Veal) 고기는 생후 3개월을 넘기지 않은 송아지가 좋다. 고기가 부드럽고 지방이 적어 연한 맛이 난다. 송아지 고기는 연하고 얇기 때문에 쇠고기 스테이크처럼 굽기 정도를 주문하지 않는다. 대표적인 송아지 스테이크는 다음과 같다.

스캘로핀(Scaloppine) 스캘로핀은 이탈리아 조리용어로 송아지의 다리 부분에서 잘라낸 작고 얇은 고기로 소금과 후추로 양념하여 밀가루를 바르고 구워낸 스테이크이다.

빌 커틀릿(Veal Cutlet) 뼈를 제거한 송아지 고기를 얇게 저민 후 납작하게 두들겨 소금, 후추로 간을 하고 빵가루를 입혀 기름에 튀긴 요리이다.

▲ 스캘로핀 스테이크

▲ 빌 커틀릿

(3) 양고기

양고기(Lamb)는 1년 이하 새끼 양의 고기가 연하여 별미로 친다. 양고기 요리는 신앙 문제로 인하여 중동지역 사람들이나 유대인들이 즐겨 먹는 요리로, 제공 시에는 박하소스(mint sauce)를 함께 제공한다. 양고기 요리는 주로 두 가지 요리가 유명하다.

양고기 등심(Lack of Lamp) 양고기 등심은 갈비뼈를 덮고 있는 지방과 고기를 잘라내어 갈비뼈를 노출시키는 것이 요리의 특징이다.

램 찹(Lamb Chop) 1년 이하의 로스구이용 양고기를 얇게 잘라 양파, 올리브 오일, 적포도주 등으로 잰 후, 고기를 볶아 둥글게 썰어 제공한다.

▲ 양갈비 요리

▲ 램 찹

2) 스테이크 굽기 정도와 기본 조리법

(1) 스테이크 굽기 정도

스테이크는 굽기 정도에 따라 5가지로 세분할 수 있으며, 레스토랑에서 고객에게 주문을 받을 때 반드시 확인해야 할 사항이다. 스테이크는 굽기에 따라 육즙이 살짝 흘러내릴 정도의 레어 단계부터 겉과 속이 잘 익은 웰던 단계까지 5단계로 세분하지만, 일선 레스토랑에서는 일반적으로 레어, 미디엄, 웰던의 3단계 정도로 구분하여 운영하기도 한다. 스테이크의 굽기 정도에 따른 내용을 살펴보면 〈표 7-4〉와 같다.

표 7-4 **스테이크 굽기 정도**

굽기 용어	굽기 상태	조리 방법
레어 rare		-겉은 연한 갈색이고 속은 육즙이 충분히 남은 정도로 구운 상태 -조리 시간은 4~6분 정도
미디엄 레어 Medium Rare		-속이 약간의 핑크빛이 보일 정도로 살짝 익힌 상태 -조리 시간은 5~7분 정도
미디엄 Medium		-겉은 갈색이고 속은 육즙이 조금 있는 정도로 익힌 상태 -조리 시간은 6~8분 정도
미디엄 웰던 Medium Well Done		-겉이 짙은 갈색이고 속도 옅은 갈색으로 익힌 상태 -조리 시간은 7~9분 정도
웰던 well done		-겉과 속 모두 짙은 갈색으로 익혀 육즙이 적은 상태 -조리 시간은 8~10분 정도

(2) 기본 조리법

조리는 열의 작용을 통해 식재료를 섭취 가능하고 더 먹음직스러우며 맛있게 만드는 요리 공정이다. 많은 과일과 채소는 생으로 먹을 수 있으며, 고기, 생선, 달걀도 어떤 것들은 생식이 가능하나 대부분은 익혀 먹는다.

기본 조리 방식으로는 굽거나 찌기, 삶기, 튀기기, 조리기, 볶기 등 다양한 방법이 있으며 이를 살펴보면 〈표 7-5〉와 같다.

표 7-5 기본 조리법

조리법	조리 방법
	로스팅(roasting) 로스팅은 오븐 안에서 육류나 감자 등을 고온에서 뚜껑 없이 구워내는 조리법으로 계속 기름을 칠하면서 굽는다. 닭, 칠면조, 멧돼지, 양고기 등을 구워내는 조리법이다.
	베이킹(Baking) 건식 오븐에서 빵이나 제과류를 굽는 조리법. 베이커리 카페의 베이커리는 베이킹을 뜻한다.
	브로일링(Broiling) 브로일링은 그릴링(grilling)과 비슷하지만 다른 점은 그릴 팬(grill pan) 위에 석쇠 모양의 그릴 스탠딩을 놓고 그 위에 음식을 얹어서 굽는 점이 다르다. 고기에 격자무늬가 새겨진다.
	그릴링(Griling) 그릴링은 석쇠구이를 말한다. 그릴링은 철판이 아닌 빈칸이 있는 석쇠 위에 고기를 올려놓고 숯 또는 가스불로 굽는 조리법이다. 고기에 그릴 자국이 새겨진다.
	끓이기(Boiling) 보일링은 재료를 100℃의 끓는 물에 삶아 익히는 조리법이다. 감자, 당근, 파스타 등의 조리에 사용한다.
	삶기(Poaching) 포칭은 삶기이다. 삶기(Poaching)란 끓는 점 이하의 온도(65~92℃)에서 삶아 익히는 방법으로 달걀 삶기 등에 이용된다.
	브레이징(Braising) 1차로 겉만 익힌 음식을 육수와 함께 냄비에 넣고 장시간 찌거나 졸이는 방법으로 육류의 경우 표면이 갈색이 될 때까지 조리한다.

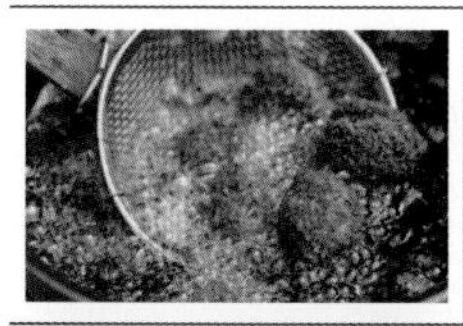	프라잉(Frying) 튀김기에 넣고 기름으로 튀기는 방법으로 이 외에도 기름을 많이 두르고 프라이팬에서 요리하는 것도 프라잉 조리법이다.
	소테링(Sauteing) 프라이팬에 버터나 오일을 넣어 이리저리 자주 저으면서 볶는 조리법으로 볶음밥 등을 조리할 때 쓰는 조리법이다.
	스티밍(Steaming) 수증기나 증기압을 이용하여 익히는 증기찜 방식으로 식품 고유의 맛을 유지할 수 있다.
	그라탱(Gratin) 버터, 치즈 등을 음식 표면에 뿌려 오븐 등을 이용하여 표면이 갈색이 되도록 굽는 방법이다.

3) 육류의 소스 및 가니쉬

(1) 소스

소스(Sauce)는 '소금물'을 의미하는 라틴어 'salsus'에서 유래하였으며, 요리에 곁들이거나 조리를 위해 사용되는 다양한 농도의 차갑거나 더운 액체 상태의 양념을 뜻한다. 소스의 기능은 요리 본연의 맛과 조화를 이루는 풍미를 더해주는 데 있다

소스는 날것의 음식에 양념을 하거나, 조리하는 음식의 일부분이 되기도 하고, 차갑거나 뜨거운 요리에 곁들여 서빙되기도 한다. 하지만 대개의 경우 소스는 소스 용기에 따로 담아내거나 완성된 요리에 끼얹는(나파주) 용도로 사용된다.

소스는 색에 따라 갈색 소스와 흰색 소스로 분류된다. 갈색 소스에는 에스파뇰(espagnole), 데미글라스(demi-glace), 토마토(tomate) 등이 있고, 흰색 소스에는 베샤멜과 블루테(velouté) 소스가 있다. 세계 5대 소스로는 베샤멜, 벨루테, 홀렌다이즈, 데미글라스, 토마토소스를 꼽을 수 있으며, 여기에서 수많은 조합의 파생 소스가 만들어진다.

표 7-6 세계 유명 5대 소스

소스	소스의 종류 및 내용
	베사멜 소스(Bechamel Sauce) 국내에서는 '크림소스'나 '화이트소스'라고 한다. 루이14세의 요리장 베샤멜 후작의 요리사가 창안해낸 소스이다.
	벨루테소스(Veloute Sauce) 루(roux)에 닭고기, 송아지 고기 등을 사용한 화이트 스톡(white stock)을 넣어 만든 소스이다.
	홀랜다이즈 소스(Hollandaise Sauce) 진한 버터의 풍미와 상큼한 레몬즙이 균형을 이루는 순한 맛의 소스로 브런치 메뉴인 에그 베네딕트 등에 곁들이는 소스이다.
	데미글라스 소스(Demi-glace Sauce) 송아지나 소의 갈색 육수를 진하게 농축한 것으로 진한 쇠고기 육수와 향신료의 향을 느낄 수 있다.
	토마토 소스 Tomato Sauce) 토마토를 주재료로 하여 만든 붉은 색의 소스. 토마토 소스는 특히 이태리 요리인 파스타 및 피자 소스에 많이 이용되고 있다.

(2) 가니쉬

가니쉬(Garnish)는 스테이크 등의 육류요리를 제공할때 고기와 함께 제공되는 브로콜리, 감자, 당근 등의 더운 야채이다. 가니쉬는 색상의 조화를 통해 맛을 돋우고, 육류와 야채의 조화를 통해 영양의 균형을 도모한다.

표 7-7 가니쉬의 종류

색 상	종 류
적색(Red)	당근(Carrot), 토마토(Tomato)
초록(Green)	브로콜리(Broccoli), 피망(Pimento), 셀러리(Celery) 아스파라거스(Asparagus)
노랑/흰색(White)	감자(Potato), 버섯(Mushroom), 파인애플(Pineapple)

6. 샐러드와 드레싱

1) 샐러드

샐러드는 서양 요리에서 무침의 총칭으로, 생채소 등 차가운 식재료를 차가운 소스로 드레싱 한 요리로 메인 요리 전 또는 후에 제공되는 게 원칙이다. 산성인 육류를 전후해서 알칼리성인 샐러드를 섭취함으로써 영양의 균형을 도모하는 역할을 한다.

육류 요리가 많은 서양 요리에서 유일하게 메인 요리들 중 채소만으로 이루어진 요리이다. 샐러드의 종류는 크게 채소 위주로 만드는 그린 샐러드와 여러 가지 재료를 혼합하여 만드는 혼합형 샐러드로 시저샐러드와 시푸드 샐러드 등이 대표적이다.

그린 샐러드(Greeen salad) 그린 샐러드는 앞마당에 키우는 잎채소를 뜯어다가 즉석에서 만들어 먹은 것이 기원인 풀밭 같은 샐러드이다. 이 때문에 가든 샐러드(Garden S.) 혹은 시즌 샐러드(Season S.)라고도 한다.

시저 샐러드(Caesar salad) 시저샐러드(Caesar salad)는 이 요리를 개발한 '시저 칼디니(Caesar Cardini)'의 이름을 따서 지어진 요리명이다. 시저샐러드는 로메인 상추와 크루통(crouton: 튀긴 빵조각)에 치즈, 레몬즙, 계란, 마늘, 올리브 오일 등을 혼합하여 만드는 미국식 샐러드다

시푸드 샐러드(Seafood salad) 시푸드 샐러드, 즉 해산물 샐러드는 갖가지의 해산물과 채소류, 과일류를 섞어 만든 요리로 다양한 해산물의 맛과 채소의 싱그러움이 잘 어우러진 건강식 샐러드이다.

▲ 그린 샐러드

▲ 시저샐드

▲ 시푸드 샐러드

2) 드레싱

드레싱이란 용어는 본래 '몸단장을 마무리 한다'는 뜻으로 소스를 샐러드 위에 뿌리면 여자가 드레스를 입은 것과 비슷하다는 데서 유래하였다. 이처럼 샐러드에 사용되는 소스를 드레싱이라고 하며, 샐러드에 반드시 드레싱이 곁들여진다. 드레싱은 주로 식초와 식용유에 소금, 후추, 양파, 피망, 케첩, 레몬즙 등에 향료를 가미하여 만든다. 드레싱의 종류는 맛과 재료에 따라 조금씩 차이가 있으나 대표적으로 다음과 같다.

표 7-8 드레싱의 종류

드레싱	드레싱의 종류 및 내용
	프렌치드레싱(French Dressing) 우리나라에서 가장 많이 사용하는 드레싱으로 신맛이 강하여 식초 소스라고 불린다.
	이탈리안 드레싱(Italian Dressing) 주로 야채 샐러드에 사용하는 드레싱이다. 깔끔하면서도 상큼한 맛을 내며 약간의 오랜지 빛이 감도는 투명한 드레싱이다.
	사우전드 아일랜드드레싱(Thousand Island Dressing) 상추 샐러드에 얹으면 피클, 양파 따위가 수천 개의 섬처럼 보여 붙여진 이름이다.
	발사믹 드레싱(Balsamic Dressing) 단맛이 강한 포도즙을 5년 이상 숙성시킨 포도주 식초의 일종으로 검은색을 띤다. 식초 가운데 가장 고급으로 친다

7. 치즈

풀코스 메뉴에서 치즈(Cheese)는 샐러드 다음으로 제공되는 코스이지만, 상황에 따라 코스에서 생략되거나 디저트와 함께 소량으로 제공되는 경우가 일반적이다.

치즈는 전 세계적으로 천 여종이 넘는 다양한 방법으로 생산되고 있으며, 대부분 소젖으로 만들지만 지역에 따라 양·물소·염소·순록·야크의 젖으로 만들기도 한다. 강도에 따라 연질치즈, 반쯤 부드러운 반연질치즈, 단단한 경질치즈 등으로 나뉜다.

연질생치즈(Soft Fresh Cheese) 연질치즈는 숙성되지 않은 신선한 치즈를 말한다. 제조 기간이 짧아 치즈 자체가 신선하고 우유 맛이 난다. 치즈에 수분이 다량 함유되어 있어 질감은 무스와 같이 부드럽고 빵에 발라먹을 수도 있다

반경질치즈(Semi-hard Cheese) 반경질치즈는 연질치즈와 경질치즈의 중간 정도의 경도를 가진 치즈이다. 반경질치즈는 대부분 응고된 우유를 익히지 않고 압착해서 만든다.

경질치즈(Hard Cheese) 결질치즈는 단단한 치즈로 대부분 산악지대에서 생산되며, 운반하기 쉽게 큰 바퀴 형태로 만들어진다. 경질치즈는 치즈 보드에 올려지는 기본적인 치즈이며, 지방 함량이 높고 맛이 강하기 때문에 레드 와인과 잘 어울린다.

▲ 연질치즈

▲ 경질치즈

8. 디저트

디저트(Dessert)의 어원은 불어 뒤세뵈르(Desservir)에서 유래되었는데, '치우다', '정리하다'라는 뜻으로, 오늘날에도 디저트를 서비스할 때는 테이블 위에 모든 식기류를 치우고 디저트를 제공한다.

코스 메뉴는 애피타이저로 입맛을 돋우고, 메인요리로 식욕을 채우고, 디저트로 입맛을 정리한다는 기본 원칙이 있다. 따라서 디저트는 식사를 마무리하는 단계에서 입안을 개운하게 해주려는 목적이 크며, 일반적으로 단맛, 풍미, 과일의 3요소가 포함되어야 디저트라 할 수 있다. 디저트의 종류로는 차가운 것, 따뜻한 것, 치즈류, 과일류 등이 있다.

표 7-9 디저트의 종류

디저트	디저트의 종류 및 내용
	아이스크림(Ice Cream) 각종 아이스크림 종류를 차가운 디저트로 제공한다. 이 외에도 셔벗(Sherbet), 샤를로트(Charlotte), 블루망제(Blancmanger) 등이 차게 제공되기도 한다.
	무스(Mousse) 달걀과 휘핑크림을 혼합해서 만든 것으로 글라스에 넣어 차게 제공한다. 재료에 따라 딸기무스, 망고무스, 포도무스 등이 있다.
	푸딩(Pudding) 달걀, 밀가루, 설탕 등을 넣어 연하게 구운 과자로 부드럽고 달콤한 맛이다, 수플레와 젤리 등이 있다.
	케이크(Cake) 밀가루, 버터, 우유, 달걀, 설탕을 주재료로 하여 특정한 모양으로 구운 디저트다. 서양에서는 구운 것을 일반적으로 '케이크'라고 한다.
	과일류(Fruits) 제철에 생산된 신선한 과일을 차게 해서 제공하는 것이 원칙이며, 여러 가지 과일을 혼합하여 만든 'Fruits Cocktail' 등도 제공된다. 신선한 과일이 없을 때는 통조림 과일 등도 제공된다.

9. 식후 음료

모든 식사가 끝나면 마지막 코스에 고객이 원하는 음료를 주문받아 제공한다. 식후 음료는 주로 커피나 홍차, 녹차 등이 제공된다. 음료를 제공하는 이유는 충분히 쉬면서 대화를 나눌 수 있는 기회를 마련하기 위함이다. 따라서 마지막 코스에서는 찻잔, 물컵 등을 치우지 않는 것이 원칙이며, 종사원은 식후 음료를 제공하기 전에 "커피와 차 중 어떤 것을 드시겠습니까?"라고 물어보고 제공한다.

커피(Coffee) 양식당에서는 커피를 식후 음료로 제공하는 것이 일반적이다. 커피를 제공할 때는 블랙커피(Black Coffee)로 제공하고 고객의 기호에 따라 설탕이나 크림 등을 제공한다. 커피는 각 개인별 커피 잔에 제공하고, 서비스하는 첫 잔은 항상 뜨겁게 데워진 것을 사용한다. 고객이 커피를 다 마실 즈음에는 더 드실 것인지 여쭈어보고 더 원할 경우 추가로 리필(refill)해 드린다.

차(Tea) 식후 음료로 주로 커피가 애용되지만 커피를 싫어하는 사람은 차를 즐긴다. 식후 음료로 제공되는 차의 종류는 크게 홍차와 녹차가 제공된다. 고객에게 차를 낼 때는 뜨거운 물 포트를 차와 함께 제공한다. 물 포트는 차가 너무 강하다고 느낄 때 농도를 조절해 주거나 리필용으로 제공한다.

▲ 커피와 차

PART 4

업장 관리

Chapter 8 일식당, 중식당, 한식당 업무

Chapter 8 일식당, 중식당, 한식당 업무

제 1 절 일식당

1. 일식요리의 개요와 특징

"일본 요리는 눈으로 먹는 요리다"는 말이 있듯이 혀로 느끼는 맛도 중요하지만 시각적인 면도 중요시 한다는 것이다. 재료만이 아니라 용기의 소재, 기물, 장식 등을 이용하여 계절적인 분위기가 느껴지게 하는 것이 특징이다.

4면이 바다인 나라답게 계절마다 해산물이 풍부하여 생선요리가 잘 발달하였으며, 신선도와 위생을 제일 중요시한다.

이러한 특성들로 인해 일식은 세계인들이 즐겨 먹는 고급음식으로 인기가 높으며, 국내의 특급호텔들도 모든 호텔들이 일식당을 운영하고 있다.

◀▲ **임피리얼팰리스호텔 일식당 '만요' 전경** '만요'에서는 일본식 정원을 그대로 옮겨놓은 듯 재현하고 있다.

2. 일식당 메뉴구성

1) 회석요리(會席料理)

회석요리는 한마디로 '일본 정식요리'(Table de Hote), 즉 '연회요리'라 할 수 있다. 회석요리는 손님이 먹는 속도를 헤아려 순서대로 한 가지씩 제공되는데, 현재의 회석요리는 과거와 달리 술을 위주로 한 상차림으로 변하여 처음에 제공되어야 할 밥과 국은 마지막 코스로 바뀌어졌다.

- 전채
- 맑은 장국
- 생선회(사시미)
- 생선구이
- 생선조림
- 튀김요리
- 초회
- 식사
- 과일

▲ 회석요리

2) 냄비요리

냄비요리는 손질한 재료들을 여러 가지 방법으로 냄비에 담아 고객의 식탁에서 직접 끓이면서 조리하는 요리이다. 대표적으로 복요리가 있다.

복어는 기름기가 적어 맛이 담백하고 단백질이 많은 생선이다. 그러나 영양과 맛이 뛰어나지만 강한 독성 때문에 조리시에 주의해야 한다. 일식당에서 즐겨먹는 요리 중에 하나이다.

3) 샤브샤브

다시마를 우린 끓는 국물에 쇠고기를 넣어 두세 번 정도 흔들어 살짝 익힌 상태로 제공한다. 고기를 반 정도 먹은 후에 야채를 넣어 부드럽게 익혀 먹고, 마지막으로 우동과 양념을 넣어 우동 그릇에 떠서 먹는다.

▲ 쇠고기 샤브샤브

4) 생선초밥(스시)

생선초밥의 종류는 어떤 생선재료를 사용하는가에 따라 다양하다.

- 바다생선(참치, 광어, 도미, 민어, 농어, 우럭 등)
- 조개류(피조개, 비단조개, 떡조개, 소라, 대합 등)
- 갑각류(새우 등)
- 연체류(오징어, 갑오징어, 문어 등)
- 장어(민물장어, 바다장어 등)

▲ 생선초밥

5) 사시미

사시미는 주로 생선과 조개류를 익히지 않고 날것으로 썰어 먹는 일본식 회 요리이다. 주로 활어회로 먹는 한국식 회 문화와 달리 일본은 주로 선어회로 먹는다.

▲ 사시미

6) 마구노우지(도시락)

마구노우치(幕の内)는 백반과 몇 종류의 부식으로 구성되는 일식 도시락이다. 주로 쌀밥에 생선구이, 달걀, 어묵류, 튀김류, 절임류 등은 대표적인 반찬이다.

▲ 도시락

7) 데판야끼(철판요리)

카운트 형식으로 된 넓은 철판 위에서 요리를 하는 철판구이를 말하며, 조리사가 직접 고객 앞에서 조리하여 위생적이고 시각적인 즐거움을 줄 수 있다.

▲ 철판요리

3. 일식당 테이블 세팅

일식당의 테이블 세팅은 기본 세팅과 스시카운터 세팅으로 나눌 수 있고, 한식과 달리 스푼을 세팅하지 않는 것이 특징이다. 미소루시와 같은 국물은 스푼을 사용하는 것이 아니라 그릇을 들고 마시는 것이다.

▲ 일식당 기본세팅

4. 일식당 서비스

1) 일반적 서비스

- 손님이 방에 들어가면 신발을 나올 때를 대비하여 돌려 놓는다.
- 안내할 때는 손님보다 세 발 정도 앞서 걷는다.
- 물수건과 차를 먼저 제공하고 주문을 받는다. 물수건은 한 사람당 2개 정도 준비한다.
- 사시미와 모듬요리가 2인분 이상일 때는 앞 접시를 제공한다.
- 냄비요리를 치울 때는 각종 접시 및 음식물을 냄비 안에 담지 말고 트레이를 사용하여 치우고 냄비는 별도로 치운다.
- 냄비요리를 제공할 때는 소요시간을 알려드린다.
- 손님이 방을 나올 때는 구두주걱을 준비하고 있다가 제공하고 현관까지 배웅하고 인사한다.

2) 룸에서의 서비스

- 문을 열고 닫을 때에는 무릎을 꿇고 양손으로 열고 닫는다.
- 주전자를 따를 때는 뚜껑이 떨어지지 않도록 가볍게 누르고 따른다.
- 서브하고 나올 때는 뒷모습이 보이지 않도록 한다.
- 방을 들어가고 나올 때는 정중하게 목례를 한다.
- 손님이 오른손 사용시에는 술을 좌측에, 왼손 사용시에는 우측에 술을 놓는다.
- 밥그릇을 옮길 때는 엄지손가락을

▲ 룸에서 서비스하는 종사원 모습

안쪽으로 하고 네 손가락으로 들어서 옮긴다.

- 손님이 밥을 남겼을 때는 식사가 끝났는지 물어보고 오차를 제공한다.
- 상을 치울 때는 상을 치워도 되는지 물어보고 치운다.

제 2 절 중식당

1. 중국요리의 개요

중국은 광대한 영토와 수많은 특산물로 인해 요리가 다양하게 발전하였으며, 황실과 민간의 합작요리라고 할 수 있다. 이러한 양자의 통합이 오늘날 세계적인 중국요리를 탄생시켰던 것이다.

▲ 포시즌스호텔서울의 광동식 중식당 '유유안' 업장 전경

세계 도처에 중국 음식점이 산재해 있고 독특한 맛과 풍부한 영양의 요리는 국제적으로 인정받고 있으며, 국내의 특급호텔에서도 한두 곳을 제외하고 모두 중식당을 운영하고 있다.

2. 중국요리의 지역별 특성

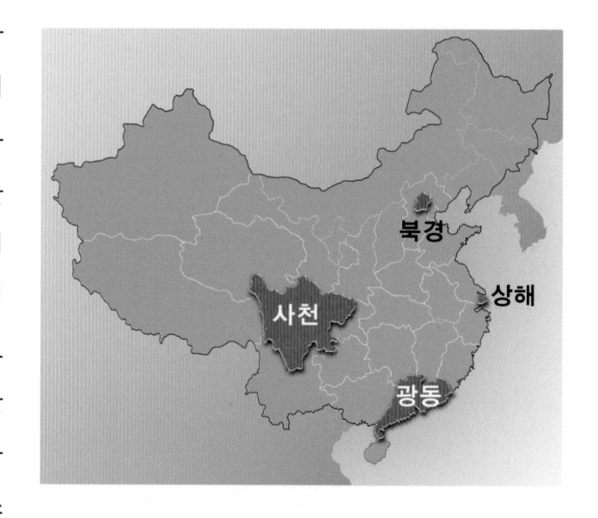

중국은 국토가 넓어 각 지방의 기후, 풍토, 산물 등에 각기 다른 특색이 있으며, 그에 따라 경제, 지리, 사회, 문화 등 다양한 요소가 작용하여 중국 4대 요리가 형성되었다. 대표적으로 북경요리는 궁중요리와 불로 굽는 요리가 유명하고, 상해요리는 해산물 요리가 많이 발달했으며, 사천요리는 매운 향신료를 많이 쓰기 때문에 우리의 입맛에 가장 잘 맞는 편이고, 광동요리는 서양의 여러 재료를 사용해서 혼합한 퓨전요리가 많은 편이다.

1) 북경요리

베이징(北京)이 가장 화려한 문명을 자랑한 것은 청나라 때로, 이때부터 궁중을 중심으로 각 지역의 장점만을 받아들인 음식 문화를 발달시켰다. 중국요리의 별칭인 '청요리'도 이때 유래된 것이다.

한랭한 기후 탓에 높은 칼로리가 요구되어 강한 화력으로 짧은 시간에 요리해 내는 튀김요리와 볶음요리가 발달하였다. 대표적 요리로는 북경오리구이, 양고기 통구이, 만두, 자장면 등이 있다.

▲ 북경오리구이

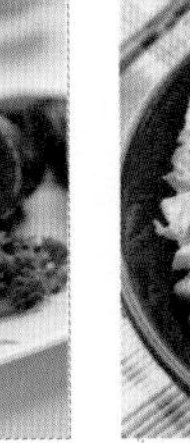

▲ 북경식 자장면

▲ 북경 만두

2) 상하이요리

상하이(上海)가 항구로서 발달하여 국제적인 풍미를 갖추었기 때문에 상하이요리로 부르고 있다. 상하이요리는 비교적 바다와 가깝기 때문에 해산물을 많이 이용한다.

음식의 색이 화려하고 선명하도록 만들며, 그 지방의 특산품인 간장과 설탕을 사용해서 진하고 달콤하며 기름지게 만드는 것이 특징이다. 대표적 요리로는 참게 요리, 동파육, 샤오롱바오(상해식 딤섬) 등을 꼽을 수 있다.

▲ 참게 요리

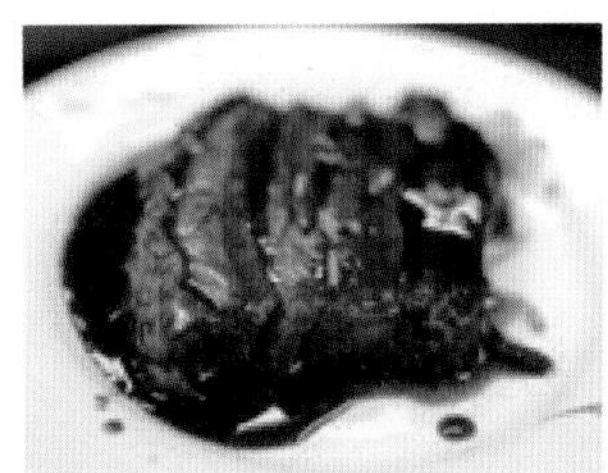

▲ 동파육

▲ 상하이 샤오롱바오

3) 사천요리

사천(四川)은 바다와 멀리 떨어져 있는 산악지형으로 기온차가 심하므로 악천후를 이겨내기 위해 향신료를 사용한 시고 매운 자극적인 요리가 기본을 이룬다. 대표적인 음식으로는 마파두부, 누룽지탕, 매운 마라탕, 매운 새우볶음요리 등이 있다.

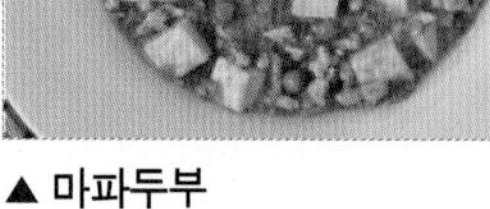

▲ 마파두부

▲ 누룽지탕

▲ 매운 비프마라탕

4) 광동요리

광동(廣東)은 옛날부터 외국과 교류가 빈번하여 광동의 특이한 요리에다 서유럽 요리의 영향이 혼합되어 독특한 식문화가 발달하였다. 그래서 "먹는 것은 광둥에서"라는 말이 있을 정도로 특이한 재료를 사용한 요리가 발달하였다.

중국의 3대 요리라 할 수 있는 상어지느러미, 제비집, 곰발바닥요리가 모두 광동요리에 속한다. 이 외에 탕수육과 팔보채, 중국요리의 보석으로 꼽히는 딤섬도 광둥요리이다.

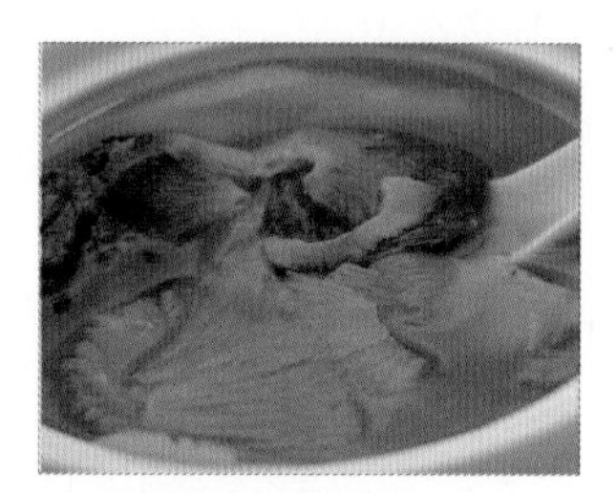

▲ 상어지느러미 요리

▲ 제비집 요리

▲ 딤섬

3. 중식당 메뉴구성

1) 정탁요리

▲ 정탁요리

중식에서 정탁요리(定卓料理)라 함은 중국식 '정식코스요리'를 의미한다. 10가지 정도의 코스메뉴가 짜여져 있으며, 2인분 이상의 주문을 기준으로 한다.

2) 일품요리

일품요리(一品料理)는 정탁요리처럼 코스순서에 따라 먹는 것이 아니고 냉채류, 제비집, 상어지느러미, 해삼, 오리고기, 닭고기 등의 요리를 식성에 따라 선택해서 먹는 요리이다.

▲ 특품 냉채요리

3) 특선요리

요리재료의 특성에 따라 특별메뉴로 분류되어 판매된다. 고객의 특별한 주문에 의하여 만들어지는 요리로 곰발바닥, 사슴꼬리 찜, 자라요리 등이 있다. 특선요리는 일반적으로 3일 전에 6인분 이상을 별도로 주문하여야 한다.

4. 중식당 테이블 세팅

중식당의 테이블 세팅은 간장, 고추기름, 식초 등 기본조미료와 차 컵, 스푼, 빈 접시, 숟가락, 젓가락, 수프스푼 등이 세팅되는 것이 특징이다.

▲ 중식당 테이블 세팅

5. 중식당 서비스

1) 주문방법

중국요리는 일품요리의 경우 1인분씩 주문 받는 것이 아니고 양 또는 접시의 크기에 따라 대(大), 중(中), 소(小)로 나누어 주문을 받는다.

일반적으로 대(大)의 경우 7~8인분, 중(中)은 4~5인분, 소(小)는 2~3인분을 기준으로 큰 접시에 요리 전부를 담아내어 종사원이 골고루 덜어서 서브하는 플래터 서비스(Platter Service) 방법이 사용된다.

- 조리법이 같은 요리는 중복되지 않도록 주문받는다(닭튀김과 쇠고기튀김은 조리법이 같아 가급적 피한다).
- 주문시간이 지체될 경우 우선 전체 주문을 받아 주방에 통보하고, 고객에게 시간을 충분히 주어 다음 요리의 주문을 받는다.
- 시간을 요하는 고객에게는 조리시간이 짧은 볶음요리를 추천한다.
- 탕류, 찜류 등 시간이 오래 걸리는 메뉴를 한꺼번에 주문받는 것은 피한다.
- 인원수에 비해 너무 많은 양이 주문되지 않도록 안내한다.
  "고객 수에 비해 요리의 양이 많은 것 같습니다. 괜찮으시겠습니까?"라고 확인 후 주문을 받는다.

2) 음식 서비스

- 냉채를 서브할 때는 초청받은 고객부터 서브한다.
- 새로운 요리를 서브할 때는 새로운 접시를 제공한다.
- 요리는 고객테이블에서 서브해야 하나, 테이블이 복잡한 경우에는 보조 테이블에서 접시에 덜어 서브한다.
- 일품요리의 경우 테이블 중앙 회전판에 놓아 고객들이 덜어 먹을 수 있도록 한다.
- 세트메뉴의 경우 테이블에서 1인분씩 개인에게 서브해 준다.
- 티 포트(tea pot)가 식었을 때는 항상 뜨거운 것으로 바꾸어 준다.

제 3 절 한식당

1. 한국요리의 개요

한국요리는 각 지방마다 특산물이 다양하여 지역적 특성을 살린 향토음식과, 조선시대의 왕실을 중심으로 한 궁중 요리로 대별된다.

또한 한국요리는 서양요리와는 달리 한두 가지씩 차례대로 먹는 식사법이 아닌 모든 요리를 한 상에 차려 먹는 식사법이 발달하였으며, 쌀밥을 주식으로 하고 채소, 어패류, 육류를 반찬으로 하는 주식과 부식의 분리가 뚜렷한 것이 특징이다.

▲ **롯데호텔서울의 한식당 '무궁화'** 롯데호텔의 '무궁화'에서는 한식 전통의 맛을 바탕으로 하여 세계인의 입맛에 맞는 모던한 감각이 가미된 소반차림 스타일의 새로운 한식을 맛 볼 수 있다.

2. 한국요리의 특징

- 반찬 종류 가짓 수가 많아 일손이 많이가고 상차림이 복잡하다.
- 뚜렷한 사계절로 인해 계절요리가 발달하였다.
- 음식이 병을 예방한다고 여겨 약재를 이용한 건강식이 발달하였다.
- 계절에 대비하여 식품을 장기간 저장하는 발효음식이 발달되었다.
- 정성과 손맛이 맛을 좌우한다.

3. 한식당 상차림 종류

한국 음식의 상차림은 형식과 음식의 종류에 따라 다양하게 분류되며 다음과 같다.

▲ 반상차림

1) 반상

반상이란 옛 풍속에 따라 각 가정의 웃어른께 올리는 진지상을 뜻한다. 반상에는 3첩, 5첩, 7첩, 9첩, 12첩 등이 있는데 여기서 '첩'이란 밥, 국, 김치, 찜류를 제외한 반찬의 수를 뜻한다.

옛날에는 보통 3첩, 5첩, 7첩을 사용하고, 양반집이나 궁중에서는 9첩, 12첩을 사용하였다.

표 8-1 반상 차림의 형식

반상	3첩반상	기본식 : 밥, 탕, 김치, 간장 반찬 : 3가지(생채, 숙채, 구이) 후식 : 단것, 과일, 차
	5첩반상	기본식 : 밥, 탕, 김치, 간장, 초간장 반찬 : 5가지(생채, 숙채, 구이, 전유어, 마른찬) 후식 : 단것, 과일, 차
	7첩반상	기본식 : 밥, 탕, 김치, 간장, 초간장, 초고추장, 조치, 전골 반찬 : 7가지(생채, 숙채, 구이, 전유어, 마른찬, 회, 찜) 후식 : 떡, 한과류, 과일, 차, 화채
	9첩반상	기본식 : 밥, 탕, 김치, 간장, 초간장, 초고추장, 조치, 전골 반찬 : 9가지(생채, 숙채, 조림, 구이 2가지, 전유어, 마른찬, 회, 찜) 후식 : 떡, 한과류, 과일, 차, 화채
	12첩반상	기본식 : 밥, 탕, 김치, 간장, 초간장, 초고추장, 조치, 전골 반찬 : 12가지(생채 2가지, 숙채 2가지, 구이 2가지, 편육, 회 2가지, 조 림, 찜) 후식 : 떡, 한과류, 과일, 차, 화채

2) 주안상

술을 대접하기 위한 음식상으로 주류에 따라 약주에는 포, 찌개류 등이 제공되고, 정종에는 전이나 편육, 매운탕 등이 제공된다.

3) 교자상

명절이나 잔치 등에 많은 사람들이 모여 식사를 할 때 차리는 상으로 중심이 되는 요리에 신경을 쓰고 색채, 재료, 조리법이 중복되지 않도록 한다.

4) 면상

국수를 주식으로 차리며 점심에 많이 낸다. 주식은 온면, 냉면, 떡국, 만둣국 등이 있고 반찬이 제공된다.

5) 다과상

후식상인 경우와 식사시간 외의 두 가지 경우가 있다. 다과상만을 낼 때는 떡과 조과류를 많이 준비하고 후식상에는 계절에 맞게 한두 가지 준비한다.

6) 돌상

아기가 태어난 지 만 1년이 되는 첫 생일을 축하하는 상차림이다.

7) 큰상

혼례, 회갑, 진갑, 희연 등에 차리는 상이다.

4. 한식당 메뉴

한식당의 메뉴구성은 밥류, 죽류, 탕류, 면류, 찌개류, 전골류, 찜류, 전류, 구이류, 생채류, 숙채류, 젓갈류, 김치류, 음료 등으로 구성된다.

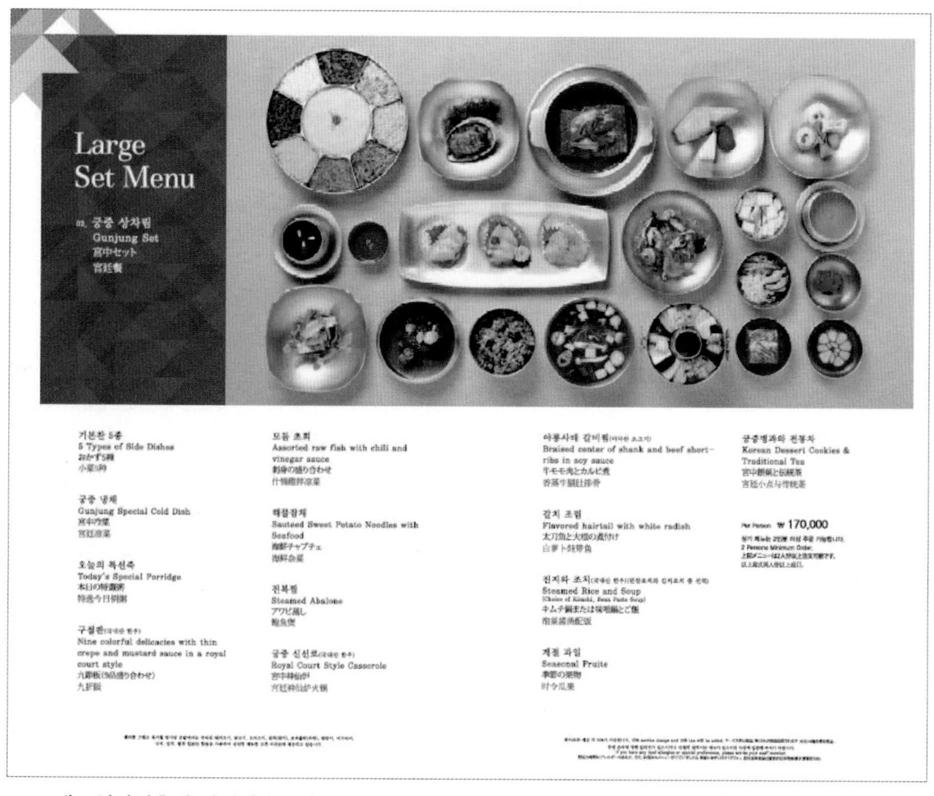

▲ **그랜드워커힐호텔 한식당 '온달'의 한정식 메뉴** 그랜드워커힐호텔의 '온달'에서는 궁중요리를 비롯한 40여 가지 종류의 다양한 한국전통요리를 선보이고 있다.

5. 한식당 테이블 세팅

한식당의 테이블 세팅은 숟가락과 젓가락을 기본으로 하여 일반적으로 다음 그림과 같이 세팅한다.

▲ 한식당 테이블 세팅

6. 한식당 음식 서비스

1) 구절판 서비스

▲ 구절판

구절판은 귀한 손님이 오셨을 때 목기에 담긴 9가지 반찬을 의미하는데, 먹는 방법은 서너 가지 반찬을 밀전병에 싸서 먹는다. 한식당에서 구절판을 서비스 하는 방법은 다음과 같다.

- 구절판 세팅은 서비스 앞 접시와 젓가락을 테이블 위에 세팅하고 겨자소스를 간장 왼편에 놓는다.
- 구절판에는 당근, 오이, 황백지단, 고기, 죽순, 게살, 버섯채 썬 것과 밀전병을 담는다.
- 고객에게 설명을 곁들이면서 구절판을 호스트에게 보여 드린다.
- 고객의 앞 접시 중앙에 밀전병을 먼저 놓고, 접시 가장자리 쪽으로 구절판에 담겨진 순서대로 요리를 올려놓아 서비스 한다.

2) 신선로 서비스

▲ 신선로

신선로는 궁중음식을 대표하는 냄비요리이다. 건강을 상징하는 오방색인 빨강, 파랑, 노랑, 하양, 검정색을 다 갖춘 음식으로, 옛날에는 오방색을 갖춘 음식을 먹음으로써 건강한 삶이 이루어질 수 있다고 믿어왔다.

한식당에서 신선로를 서비스하는 순서는 다음과 같다.

- 신선로 그릇과 앞접시와 스푼을 함께 보조 테이블로 가지고 나온다.
- 보조테이블에 신선로를 놓은 다음 하단에 있는 고체 알코올에 불을 붙인다.
- 앞접시와 신선로 스푼을 얹어 테이블 중간에 놓고 냅킨을 이용해 양손으로 뚜껑을 열어 준다.
- 그런 다음 상석부터 인사말과 함께 스푼으로 신선로를 앞접시에 덜어 준다.
- 고객이 육수를 더 원하는 경우 주전자를 이용해 신선로 그릇에 따라 준다.

3) 전골 및 탕(湯) 서비스

- 그릇과 수저를 빈 공간에 세팅한다.
- 2/3 정도만 요리된 전골을 중불에서 육수의 양이 전골의 1/3 이상 되게하여 전골과 야채를 섞으며 타지 않게 저어 준다.
- 전골이 다 끓으면 불을 낮춘 후 국물이 테이블에 떨어지지 않게 뜨거운 서비스 그릇에 국수, 야채, 고기, 육수 순으로 담아 테이블 위에 제공한다.
- 탕 요리의 경우 뼈 발라낼 그릇을 김치 오른쪽에 올려 놓는다.

Chapter 9 커피숍, 뷔페, 룸서비스 업무

Chapter 9 커피숍, 뷔페, 룸서비스 업무

제 1 절 커피숍

1. 커피숍의 의의

호텔 커피숍은 고객이 많이 출입하는 1층 로비의 중앙이나 코너 부문에 위치하면서 호텔 방문객들이 만남의 장소로 즐겨 찾는 필수 업장이다. 최근 들어서는 호텔 커피숍의 기능이 다양화되고 있는데, 가장 큰 특징은 5성급 호텔들을 중심으로 커피숍이 '로비라운지&바' 업장으로 대체되고 있다는 점이다. 실제 서울지역 대부분의 5성급 호텔들은 커피숍 대신에 로비라운지&바를 운영하고 있다. 이러한 원인은 '로비라운지&바'의 기능이 커피숍의 기능 외에도 바의 기능을 추가하여 다기능적으로 운영할 수가 있기 때문이다. 하지만 1~3성급 호텔들에서는 커피숍을 운영하는 곳이 많으며, 일부 호텔에서는 커피숍을 직영하는 대신에 외부 전문 브랜드 커피숍을 입점시켜 운영하는 곳도 등장하고 있다.

커피숍의 또 다른 특징은 커피&차와 같은 음료 외에도 아침 시간에는 간단한 조식 메뉴나 경양식을 판매하는 레스토랑의 기능도 겸할 수 있다는 점이다. 이러한 점에서 식음료 업장을 최소화하고 객실판매 위주로 영업하는 중소규모의 호텔들이 커피숍을 운영하고 있다.

2. 커피의 종류

우리나라와 대부분의 앵글로색슨족, 게르만족 계통의 국가에서는 커피에 설탕과 크림을 타서 마시는 것이 일반적이며, 이탈리아 등지에서는 진하게 만들어 조그만 더미타스(Demitasse) 잔에 블랙으로 마시는 것이 특징이다. 프랑스에서는 큰 컵에 커피와 우유를 섞어 마시고, 스코틀랜드 지방에서는 커피에 위스키와 크림을 넣어 마시기도 한다. 이와 같이 커피는 국가나 지역에 따라 마시는 방식과 종류가 다양하며 그 종류를 살펴보면 다음과 같다.

아메리카노(Americano) 아메리카노 커피는 에스프레소에 뜨거운 물을 넣어 연하게 마시는 커피이다. 적당량의 뜨거운 물을 섞는 방식이 연한 커피를 즐겨 마시는 미국인들의 취향에서 시작된 것이라 하여 '아메리카노'라고 부른다. 우리나라에서도 인기가 높은 커피 메뉴이다.

에스프레소(Espresso) 에스프레소 커피는 에스프레소 머신을 사용하여 빠른 시간에 압력을 가하여 뽑아낸 농축 커피로서 맛이 진한 이탈리아식 커피를 말한다. 에스프레소 커피는 양이 작기 때문에 데미타세(demitasse)라는 조그만 잔에 담아서 마셔야 제 맛을 느낄 수 있다.

카페라테(Cafe Latte) 라테는 이탈리아어로 '우유'를 뜻한다. 에스프레소에 우유를 첨가한 커피이다. 에스프레소와 우유의 비율은 1:4로 섞어 맛이 부드럽다.

카페모카(Caffe Mocha) 에스프레소 커피에 초콜릿과 생크림을 듬뿍 첨가하여 달콤하고 부드럽게 만든 고급 커피이다. 카페라테에 초콜릿 시럽을 더한 것으로 이해할 수 있다.

카푸치노(Cappuccino) 에스프레소 위에 살짝 데운 하얀 우유거품을 올리고 그 위에 코코아 가루나 계피가루를 살짝 뿌려 마시는 커피이다. 카페라테보다 우유가 덜 들어가 커피의 진한 맛과 우유의 부드러운 맛을 즐길 수 있다.

비엔나커피(Vienna Coffee) 아메리카노 위에 하얀 휘핑크림이나 아이스크림을 듬뿍 얹은 커피이다. 오스트리아 빈(비엔나)에서 유래하여 300년이 넘는 긴 역사를 지니고 있다. 여러 맛을 충분히 즐기기 위해 크림을 스푼으로 젓지 않고 마신다.

마키아토(Macchiato) 마키아토의 종류는 에스프레소 마키아토와 캐러멜 마키아토가 있다. 캐러멜 마키아토(Caramel Macchiato)는 캐러멜 시럽을 이용하여 커피를 만든 다음 우유 거품을 그 위에 토핑하고 캐러멜 시럽을 얹은 달콤한 커피이다.

깔루아 커피(Kahlua Coffee) 깔루아 커피는 에스프레소에 커피 맛이 나는 깔루아 리큐르를 첨가한 알코올성 커피이다. 깔루아는 브랜디를 기초로 하여 만든 술로서 커피와 코코아, 바닐라 등을 섞은 멕시코산 커피 리큐르이다.

아이리시 커피(Irish Coffee) 아이리시 커피는 블랙커피와 아이리시 위스키를 3대 2의 비율로 잔에 부은 다음, 갈색 설탕을 섞고 그 위에 두꺼운 생크림을 살짝 얹은 알코올성 커피이다.

3. 커피 추출 방법과 도구

터키식 커피(Turkish Coffee) 터키식 커피는 이브릭 또는 체즈베라는 터키식 커피포트를 이용하는데, 미세하게 갈린 커피가루를 물과 함께 이브릭에 넣은 다음 반복적으로 끓여내는 방식이다. 세계에서 가장 오래된 추출법이자, 원초적인 추출법이라 할 수 있다.

▲ 터키식 커피포트인 이브릭

▲ 프렌치프레스

프렌치프레스(French Press) 프렌치프레스 추출방식은 1.5mm 정도로 조금 굵게 분쇄한 커피가루를 포트에 넣고 뜨거운 물을 부어 저어준다. 그다음 거름망이 달린 금속성 필터의 손잡이를 천천히 눌러 커피 가루를 포트 밑으로 분리시킨 후 커피를 따라 마신다.

▲ 핸드드립

핸드드립(Hand Drip) 핸드드립은 필터나 여과지에 커피 가루를 넣고 뜨거운 물을 부어서 걸러 먹는 방식이다. 여과지는 커피 가루를 거르는 역할을 하는데, 페이퍼 드립(Paper Drip)은 주로 깔끔한 맛의 커피가 추출되고, 융 드립은 '여과법의 제왕'으로 불리며 진하고 부드러운 커피를 추출할 수 있다.

▲ 워터드립

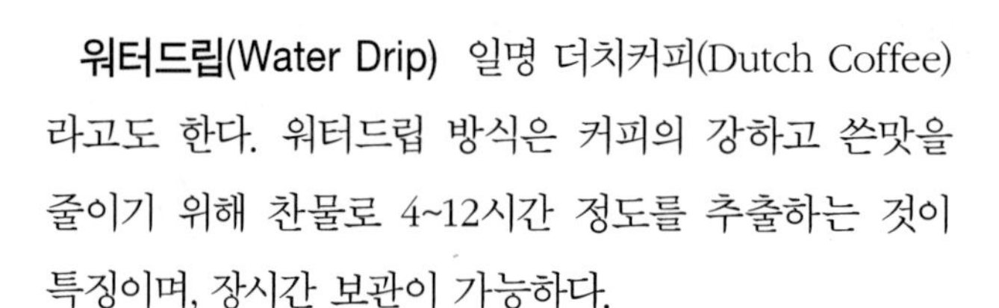

워터드립(Water Drip) 일명 더치커피(Dutch Coffee)라고도 한다. 워터드립 방식은 커피의 강하고 쓴맛을 줄이기 위해 찬물로 4~12시간 정도를 추출하는 것이 특징이며, 장시간 보관이 가능하다.

▲ 사이폰

사이폰(Syphon) 사이폰 추출방식의 매력은 시각적인 효과가 뛰어나다는 점이다. 따라서 커피 맛보다는 화려한 추출 기구로 유명한 추출방식이다. 상·하단 두 개의 유리용기로 구성되어 있고, 하단 용기에 열을 가하여 물이 상단에서 하단으로 이동하면서 커피 추출액이 흘러 내리는 방식이다.

에스프레소 추출법(Espresso Extraction) 에스프레소 방식은 가압추출법의 대표적 방식으로 에스프레소 머신을 사용한다. 에스프레소 머신은 곱게 갈아 압축한 원두 가루에 뜨거운 물을 고압으로 통과시켜 20초 안에 30*ml*의 커피를 뽑아낸다. 드립식 기계를 이용할 때보다 원두를 3배 정도 곱게 갈아야 한다.

▲ 에스프레소 머신과 커피 추출 모습

제 2 절 뷔페식당

1. 뷔페식당의 개요

뷔페식당은 미리 준비해 놓은 요리를 균일한 요금을 지불하고 자기의 기호에 따라 먹고 싶은 음식을 양껏 먹을 수 있는 셀프서비스 형식의 식당이다. 대부분의 선진국 사람들은 셀프서비스에 익숙하므로 음식을 매력적으로 장식하여 먹는 것을 즐긴다. 뷔페식당의 종류는 크게 오픈뷔페와 크로스뷔페로 나뉜다.

1) 오픈뷔페(Open Buffet)

양식당이나 한식당 등과 같이 일정한 영업장을 갖추고 항상 오픈되어 영업을 하는 뷔페식당으로 어린이부터 노인들까지 즐겨 찾기 때문에 특급호텔에서는 거의 모든 호텔들이 뷔페식당을 운영하고 있다.

뷔페식당의 매력은 일정한 금액을 지불하면 한식, 일식, 양식, 디저트 등의 30~40가지 음식을 부담없이 마음껏 선택하여 즐겨 먹을 수 있다는 것이다.

2) 크로스뷔페(Cloth Buffet)

크로스 뷔페는 특정 모임이나 행사를 위해 연회행사를 필요로 하는 고객이 날짜, 장소, 시간, 인원, 뷔페메뉴 등을 미리 계약하면 호텔에서는 계약에 따라 뷔페를 세팅하여 운영하는 형식이다.

주로 연회장에서 회갑연, 돌잔치, 결혼식, 세미나를 겸한 연회 행사 등에 일시적으로 세팅되어 운영하는 경우이다.

2. 뷔페식당의 특징

- 고객들이 기다리지 않고 신속한 식사를 할 수 있다.
- 소수의 종사원으로 많은 고객을 서브하여 인건비가 절약된다.
- 가격이 비교적 저렴하나 음식보관이 어려워 원가가 높다.
- 고객의 불평이 적으며, 좌석회전율이 빨라 매출이 증대된다.
- 양식, 한식, 일식, 중식 등 다양한 요리를 즐길 수 있다.
- 연인, 가족모임 등 모든 연령층이 함께 어울려 식사할 수 있다.

3. 뷔페식당의 메뉴구성

뷔페식당의 코스별 메뉴구성은 찬 음식, 샐러드, 드레싱, 뜨거운 음식, 후식류, 음료 등으로 구성된다. 국가별 음식으로는 양식, 한식, 일식, 중식 등 여러 나라의 음식이 적절히 구성된다.

서울에 위치한 'S호텔'의 뷔페식당 메뉴구성을 살펴보면 양식이 50%, 한식이 30%, 중식이 15%, 일식이 5%의 비율로 구성된다.

▲ 그랜드인터컨티넨탈 서울 파르나스 뷔페레스토랑 '그랜드 키친' 전경

4. 뷔페식당의 테이블 세팅

1) 뷔페스테이지 처리

뷔페스테이지(Buffet Stage)란 음식을 올려놓는 진열대를 의미하는데 깨끗하고 매력적으로 보이도록 하는 것이 중요하다.

뷔페스테이지의 분위기 연출은 업장 전체 분위기에 영향을 미칠 뿐만 아니라 매출에도 기여하고 있다. 예를 들어 조명(스포트라이트)은 음식의 멋과 색감을 높여주고, 각종 기념일 등에는 뷔페스테이지를 주제에 어울리게 분위기를 연출하는 것 등이 필요하다.

2) 테이블 배치

뷔페 테이블의 위치와 배열은 고객들이 쉽게 접근하고 이동에 지장이 없도록 충분한 공간과 통로가 확보되어야만 대기시간을 줄이고 회전률을 높일 수 있다.

테이블 배치는 업장의 특성과 수용인원 등을 고려하여 다양하게 배치할 수 있으며, 직사각형, 둥근 직사각형, 타원형, 반원형 등 다양하다.

테이블크로스는 바닥에서 2cm 정도 떨어져야 하며, 색깔 있는 크로스와 주름은 테이블 주변에 고정시키고 장식을 달아 또 다른 흥미를 제공할 수 있다.

3) 테이블 세팅

뷔페식당의 테이블에는 일반적으로 크로스를 깔지 않는 곳이 많으며, 대신에 개인용 테이블 매트를 놓아 고객이 바뀔 때마다 매트(luncheon mat)를 교체해 주고 있다.

따라서 뷔페식당의 테이블 세팅은 식사용 매트 위에 양식당이나 커피숍의 기본 세팅형태에서 수프 스푼과 디저트 스푼 및 포크를 추가하여 놓는다.

▲ 뷔페 테이블 세팅

5. 뷔페식당 서비스 기본

- 코트 등의 옷은 클럭 룸(Cloak Room) 또는 한쪽에 위치한 옷걸이에 보관하도록 한다.
- 고객이 착석하면 물 컵에 물을 따르고 퇴장할 때까지 자주 보충해 준다.
- 뷔페식당은 메뉴판이 없기 때문에 음료만을 주문받게 되는데 식사에 맞는 와인 등을 권하거나 필요하면 음료메뉴판을 제공한다.
- 뜨거운 음식은 뜨겁게, 차가운 음식은 차갑게 음식의 온도를 유지한다.
- 뜨거운 접시는 뜨겁게, 차가운 접시는 차갑게 접시온도를 유지한다.
- 접시가 비워진 고객에게는 음식을 더 권하고 의향을 물어본 뒤 빈 접시를 치운다.
- 고객이 식사를 마치고 자리를 떠나면 테이블 위에 남아 있는 기물은 모두 트레이(Tray)를 사용하여 신속히 치운다.
- 사용한 테이블은 다음 고객을 위하여 크로스를 교체하고 새롭게 세팅한다.

제 3 절 룸서비스

1. 룸서비스의 개요

룸서비스(Room Service)란 고객이 객실에서 식사 및 음료를 주문하면 객실까지 주문한 메뉴를 종사원이 직접 운반하여 제공하는 것이다.

룸서비스 메뉴는 커피숍의 메뉴를 축소한 것이며, 영업시간은 24시간이고 아침시간대가 가장 바쁜 시간대이다. 별도의 주방이 있는 것은 아니고 커피숍의 주방을 겸용하여 사용하는 경우가 대부분이다.

2. 룸서비스의 중요성

룸서비스는 과거에는 구색 맞추기 식의 부서로 인식되었으나, 최근에는 프라이빗 다이닝(Private Dining)이라는 명칭을 사용하기도 하는데, 이는 객실 하나하나가 독립된 단위식당이라는 개념으로 중요성이 높아가기 때문이다.

서비스측면에서는 VIP고객이나 일반고객들이 자신의 노출을 꺼리는 경우 프라이버시 유지가 가능하고, 식사를 하기 위해 격식을 차리지 않고 편안하게 식사할 수 있으며, 바쁜 비즈니스 고객들은 빠른 식사를 원할 경우 용이하다.

3. 룸서비스 세팅

룸서비스시에는 주문한 음식을 트레이(Tray)나 트롤리(Trolley)에 세팅하여 제공한다.

1) 트레이 세팅(Tray Setting)

1인분 등의 간단한 식사는 트레이에 세팅하여 서비스 한다.

2) 트롤리 세팅(Trolley Setting)

2인분 이상의 식사나 뜨거운 음식을 나를 때 트롤리를 사용하며, 세팅된 트롤리는 객실에서 고객의 식사테이블로 사용된다.

▲ 트레이 세팅

▲ 트롤리 세팅

4. 룸서비스 업무

1) 룸서비스 절차

- 주문을 받는 오더 테이커(Order Taker)부터 주문서를 받는다.
- 주문서를 주방 또는 바에 전달한다.
- 트레이 또는 트롤리를 준비하고 필요 기물을 세팅한다.
- 주방이나 바에서 음식을 가져온다.
- 최종적으로 주문메뉴와 차이가 없는지 확인한다.
- 완성된 음식을 객실까지 배달한다.
- 객실 도착 후, 음식을 어디에 놓을지 여쭈어 보고 놓는다.

- 명세서에 고객의 사인을 받고 감사인사 후 돌아온다.

2) 룸서비스 주의사항

- 트레이의 경우 세팅할 때는 크로스를 깔아야 한다.
- 무거운 음식은 트레이의 중앙에 놓는다.
- 뜨거운 요리는 식지 않도록 푸드커버(Food Cover)를 씌워 운반한다.
- 객실에서 음식을 서비스할 동안 문을 약간 열어 놓는다.
- 병에 들어 있는 음료는 병마개를 오픈시켜 준다.
- 식사시간은 1시간을 예상하고, 수거하기 전에 확인전화 후 수거한다.

Hotel Food & Beverage Service

Chapter 10 연회 관리

Chapter 10 연회 관리

제1절 연회의 개요

1. 연회의 의의

연회(宴會 : Banquet)란 '많은 사람들이 경의를 표하거나, 기념, 축하하기 위해 정성을 들이고 격식을 갖춘 식사가 제공되는 행사'로 정의할 수 있다.

호텔에서의 연회는 이러한 의미 외에 각종 회의 및 세미나, 전시회, 컨벤션, 결혼식, 회갑잔치 등의 행사도 포함된다.

호텔 연회장(Banquet Room)을 펑션 룸(Function Room)이라 부르기도 하는데 이것은 그만큼 호텔의 연회장이 다목적 기능을 수행하기 때문이다.

호텔의 영업부서는 크게 객실과 식음료부서로 구분되지만, 최근에는 식음료부서 중 연회행사로 인한 매출비중이 높아 호텔의 부서를 크게 객실, 식음료, 연회 세 부분으로 구분하는 경우가 많다.

이러한 이유로 호텔에서는 연회행사를 유치하기 위하여 별도의 연회판촉팀을 운영하거나, 대규모 연회장을 증축하거나 시설을 보완하고 있는 추세이다.

2. 연회의 특성

연회영업은 다른 식음료 영업과 달리 독특한 특성을 가지고 있는데 그 특성은 다음과 같다.

- 한 번의 행사로 많은 매출을 올릴 수 있다.
- 타부서의 매출증대에 미치는 파급효과가 높다.
- 사전예약에 의한 영업으로 판매와 이윤예측이 사전에 가능하다.
- 모든 참석자들에게 동일한 메뉴와 서비스가 제공된다.
- 연회 참석자들을 통한 직·간접적인 홍보가 가능하다.
- 연회의 성격이나 고객의 취향에 따라 분위기 장식 등이 달라진다.
- 호텔의 여러 부서와 유기적인 협조가 요구된다.

3. 연회부서의 조직

특급호텔의 연회부서는 연회예약, 연회서비스, 연회판촉으로 구분된다. 호텔에 따라 연회판촉이 연회팀에 소속되거나, 별도의 판촉팀에 소속되기도 한다.

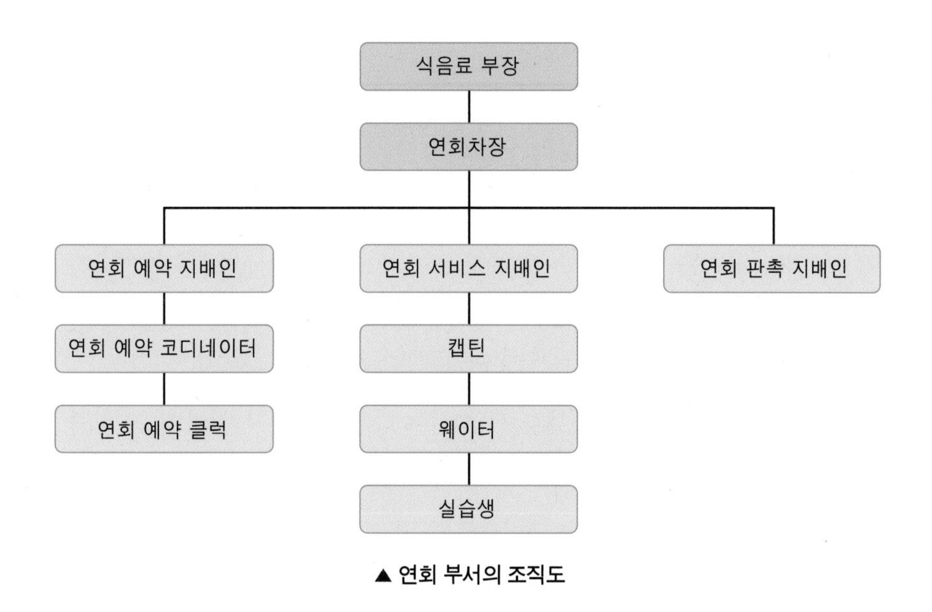

▲ 연회 부서의 조직도

제 2 절 연회의 분류

1. 목적에 의한 연회의 분류

- 가족모임 : 결혼식, 약혼식, 회갑연, 돌잔치 등
- 기업행사 : 창립기념, 개관기념, 이·취임식, 사옥이전 등
- 학교행사 : 사은회, 동창회, 동문회 등
- 정부행사 : 정부수립, 국가기념일 등
- 협회행사 : 국제회의, 정기총회, 심포지엄 등
- 이벤트행사 : 시상식, 디너 쇼, 패션 쇼, 콘테스트 등
- 단순 식사형 연회 : 대규모 단체관광객의 경우

2. 연회파티의 종류

1) 테이블서비스 파티(Table Service Party)

테이블서비스 파티는 연회 행사 중 가장 규모가 크고 격식을 차린 정찬파티 행사이다. 파티의 성격이나 고객의 취향에 따라 제공되는 식음료, 식탁배열, 장식 등이 달라지기 때문에 주최자와 충분한 사전협의를 통해 준비되어야 한다.

테이블서비스 파티에서는 테이블과 좌석배치에 따라 사회적 지위 및 연령의 상하가 구분되기 때문에 좌석배열이 중요하고, 제공되는 음식으로는 주로 정식코스요리가 제공된다.

▲ 그랜드워커힐호텔의 테이블서비스 파티장 전경

2) 칵테일 리셉션 파티(Cocktail Reception Party)

칵테일 리셉션은 디너 전의 칵테일 리셉션과 디너를 겸한 리셉션이 있다. 디너 전의 칵테일 리셉션은 메인 연회장 앞의 복도나 별실을 이용하여 개최하는데 음식은 간단한 카나페 정도이고, 바(bar)는 인원의 규모에 따라 적당한 위치에 1~4군데 설치한다.

음식은 참석자들이 자유로이 이동하면서 먹지만, 음료는 일반적으로 서비스요원들이 트레이에 몇 가지 아이템을 담아 고객 사이로 다니면서 서비스한다. 이때 음료가 담긴 잔을 전달할 때는 종이 냅킨을 감싸서 물기가 흘러내리지 않도록 제공한다.

▲ 호텔의 칵테일 리셉션 파티장 전경

3) 야외연회 파티(Off Premise Catering Party)

야외연회란 고객이 원하는 장소와 시간에 행사에 필요한 집기나 뷔페음식을 직접 운반하여 진행하는 행사이다.

연회책임자는 사전에 연회장소를 답사하는 것이 필요하고, 야외행사에는 주최자와 협의하여 기상변화에 따른 대비책도 세워두는 것이 좋다.

▲ 그랜드워커힐호텔의 야외결혼식장과 야외연회파티장 전경

4) 가족 뷔페파티(Family Buffet Party)

1980년대 이전까지는 일반가정에서는 가족행사를 집안에서 직접 음식을 장만하여 진행하였으나, 최근에는 가족모임을 호텔에서 갖는 경우가 많아 호텔에서는 가족파티 연회행사를 유치하기 위해 힘을 쏟고 있다. 각종 가족연회 행사는 결혼식, 약혼식, 장수연, 돌잔치 등이 있다.

▲ 서울신라호텔 가족 연회행사장 전경

5) 가든파티(Garden Party)

가든파티는 경치 좋은 정원이나 수영장 등을 배경으로 야외에서 진행하는 연회행사를 말한다. 호텔에서도 여름철에 야외수영장이나 아름다운 경치를 배경으로 야외 가든파티를 운영한다.

▲ 그랜드하얏트서울의 수영장을 배경으로 한 야외 가든 파티장 풀사이드바베큐 전경

6) 테마파티(Theme Party)

일정한 주제를 정하여 그 주제에 맞게 연회장의 분위기를 연출하고, 주제에 맞는 음식을 준비하여 개최하는 파티이다.

7) 티 파티(Tea Party)

티 파티는 시간적으로 오후 3~5시 사이에 간단하게 열리는 파티로 커피, 홍차 등의 더운 음료와 주스, 사이다 등의 찬 음료, 과일, 샐러드, 샌드위치 등이 제공되는 비교적 간단한 연회행사이다.

3. 회의 및 전시회 종류

호텔 연회장에서는 소규모 세미나에서부터 대규모 국제회의까지 다양한 행사가 개최되는데, 대부분의 단체회의는 행사를 전후하여 식사 및 음료를 주문한다. 따라서 각종 대규모 국제회의나 전시회를 유치하여 진행하는 것도 연회부서의 주요 업무이다.

호텔의 연회장에서 진행되는 각종 회의 및 전시행사의 종류와 회의의 형식을 살펴보면 다음과 같다.

1) 워크숍(Workshop)

30명 내외의 소규모 회의이다.

2) 세미나(Seminar)

교육을 목적으로 개최되는 50명 전후의 회의이다.

3) 포럼(Forum)

한 가지 주제에 대해 상반된 견해를 가진 전문가들이 사회자의 주도하에 청중 앞에서 벌이는 공개토론회로, 청중이 질의에 참여할 수 있으며, 사회자가 의견을 조율하여 종합하는 회의이다.

형식에 따라 약간의 차이는 있지만 심포지엄(Symposium), 패널 디스커션(Panel Discussion) 등이 이와 비슷한 형태의 회의이다.

4) 컨벤션(Convention)

정보전달을 주목적으로 하는 대규모 국제회의를 의미하는데, 본 회의와 함께 사교행사, 관광행사 등의 다양한 프로그램으로 편성되며, 참가인원은 보통 수백 명에서 수천 명에 이른다. 컨벤션 참가자의 경우 가족이나 비서를 동반하는 경우가 많으며, 1일 체재비용이 일반 관광객에 비해 5배 정도 높은 것이 특징이다.

특급호텔에서는 컨벤션 유치를 위해 대규모 연회장을 증축하고, 동시 통역시설 등의 최첨단 시설을 갖추고 있다.

▲ 컨벤션 행사장 전경

5) 전시회(Exhibition)

전시회는 각종 무역, 산업, 교육 분야의 판매업자(vender)들에 의해 제공된 상품과 서비스의 전시모임을 의미한다. 전시회가 회의를 수반하는 경우도 있으며, 컨벤션의 한 부분으로 개최될 수도 있다.

▲ 미국 라스베이거스 CES 전시회장 전경과 메타버스 전시품 전경

6) 박람회(Exposition)

박람회는 참가국들이 자국의 산업과 문화를 전시하여 상호 이해와 교류를 심화하기 위하여 개최한다. 여러 나라가 참가한다고하여 만국박람회, 세계박람회, Expo 라고 칭하기도 한다. 전시회와 유사하나 다른 점은 컨벤션의 일부가 아닌 독립된 행

사로 개최되는 것이다.

대형 국제박람회의 경우 참가인원이 50만 명을 넘어서는 경우도 있어 호텔뿐만 아니라 국가 간 유치경쟁이 치열하다. 국내에서는 1993년 대전세계박람회(대전엑스포)를 시작으로 2012년에는 여수세계박람회(여수엑스포)를 개최하였다.

▲ 여수세계박람회장 전경

제 3 절 연회장 대여상품의 종류

1. 음식(Food) 상품

연회장 메뉴는 고객의 선택이 용이하도록 음식종류별로 등급화 되어 있고, 많은 인원에게 동일한 메뉴를 동시에 제공하므로 코스별로 세트화하여 판매하고 있다. 또한 연회메뉴는 고객의 특별한 요청에 의하여 별도의 메뉴를 추가하거나 줄여서 판매할 수도 있다.

1) 조찬 메뉴

주로 조찬모임에 제공하는 조식메뉴로는 한식조식, 일식조식, 양식조식, 조식뷔페 등이 있다.

▲ 그랜드워커힐호텔 연회장의 양식세트메뉴

2) 뷔페 메뉴

연회장에서 판매되는 뷔페 메뉴는 고객의 경제적 능력과 취향에 따라 선택할 수 있도록 메뉴의 가지 수에 따라 가격대별로 3~4가지 종류의 뷔페 메뉴가 준비되어 있다.

3) 정식 메뉴

테이블서비스 파티 때 제공하는 메뉴로서 주로 양식 세트메뉴가 제공되지만 그 외에도 한식, 중식, 일식의 세트메뉴도 판매한다.

4) 칵테일 리셉션 메뉴

칵테일 리셉션 파티는 주로 서서하는 행사이므로 메뉴는 가벼운 편이다. 주로 카나페, 야채스틱, 스낵, 과일 등이 제공된다.

5) 출장 파티 메뉴

호텔 외부에서 요리가 제공되는 특성으로 인해 간소화한 뷔페 메뉴가 제공된다.

6) 브레이크 타임 티 메뉴

세미나 또는 워크샵 등의 회의 도중 식사 전후 시간에 간단하게 먹을 수 있도록 쿠키, 카나페, 과일, 커피, 차, 음료수 등의 메뉴로 제공된다.

▲ 콘래드서울의 회의장 복도에 마련된 티타임 메뉴 전경

2. 음료(Beverage) 상품

연회장에서는 모든 음료를 취급하고 판매할 수 있는데, 서비스형식에 따라 테이블 서비스와 바 서비스로 나뉜다.

1) 테이블 서비스

고객이 원하는 음료를 테이블에 올려놓고 소비하는 만큼 계산하는 방법이다.

2) 바 서비스

연회장에 이동식 바(bar)를 설치하여 고객이 직접 바에 와서 음료를 선택하여 먹는 경우이다. 계산방법은 소모량 또는 시간당 계산하는 방법이 있다.

3) 코키지 요금

코키지 요금(Corkage Charge)이란 고객이 호텔에서 음료를 주문하지 않고 직접 가져 올 경우, 호텔 측에서는 각종 기물(잔과 얼음, 생수)을 테이블에 세팅하여 주고 병당 서비스 요금을 받는 것을 뜻한다.

이런 경우는 고객과 호텔 측이 연회행사 계약 체결시, 음료의 종류와 수량을 협의하여 계약서에 명기하고 실시한다.

3. 대여 상품

1) 연회장 대여

호텔마다 다양한 대·중·소 연회장을 갖추고 있으며 그중에 가장 큰 대연회장을 그랜드볼룸이라고 한다. 호텔은 컨벤션이나 연회행사를 원하는 고객들에게 연회장을 대여하고 사용료를 받는다. 사용료는 연회장의 규모와 시간에 따라 가격이 책정되지만, 호텔에서 숙박이나 식사 유무에 따라 요금이 할인되거나 달라지기도 한다.

▲ 그랜드인터컨티넨탈 서울 파르나스의 그랜드볼룸 전경

2) 기자재 대여

기자재 대여는 회의나 연회행사를 진행하는데 필요한 기본적인 기자재를 대여해 주는 것이다. 연회장대여료를 지불하는 경우 기자재는 무료로 대여해 주는 것이 일반적이다.

종 류	내 용
마이크(Microphone)	핀 마이크, 무선마이크, 유선마이크, 스탠드마이크 등
사인보드(Sign Board)	행사장 입구에 설치하는 안내판
플립차트(Flip Chart)	주로 브리핑할 때 사용하는 괘도걸이
포디엄(Podium)	스피치를 하기 위한 연단
화이트보드(White Board)	회의장에서 사용하는 흰색 칠판
이동식무대(Portable Stage)	조립식 무대로서 높낮이를 조절할 수 있다
피아노(Piano)	결혼식 등의 연회시 필요하다

3) 시청각 기자재 대여

일반기자재는 보통 무료로 대여하지만 동시통역시설 등 고가의 장비는 대여료를 받는다.

종 류	내 용
오버헤드 프로젝터(OHP)	준비된 자료 필름을 OHP에 올려 보여주는 것
슬라이드 프로젝터 (Slide Projector)	슬라이드용 필름을 꽂아 스크린에 보여주는 기계
빔 프로젝터(Beam Projector)	컴퓨터나 비디오테이프를 연결하여 스크린에 보여주는 기계
동시통역시설 (SIS : Simultaneous Interpretation System)	동시통역사가 부스 안에서 통역을 하면 청중은 이어폰을 통해 자국 언어로 들을 수 있는 기자재

▲ 서울신라호텔의 회의장은 동시통역 시설과 각종 하이테크 연회 시스템을 갖추고 있다(사진: 한 · 일 · 중 외교장관회의장 전경).

4) 옵션(Option) 상품

연회장에서 고객의 요청이나 원활한 진행을 위해 부수적으로 필요한 상품으로 일정한 요금이 책정되며 종류는 다음과 같다.

- 꽃꽂이 : 화환, 꽃다발, 수반, 부케, 코사지 등
- 엔터테인먼트 : 밴드, 사회자, 연예인 등
- 아이스카빙 : 얼음조각
- 케이크
- 배너 : 천으로 만든 프랭카드
- 호텔 승용차나 버스 등의 차량

▼ 케이크

▼ 얼음조각

▲ 리무진

▲ 꽃꽂이

▶ 연주

제 4 절 연회장 기물과 테이블 플랜

1. 연회장 기물 종류

연회장에서 사용하는 테이블과 의자는 다음과 같다.

표 10-1 연회장에서 사용하는 테이블 및 의자 종류

종 류	내 용
라운드 테이블	10인용 식사 테이블(6인용 소형 라운드 테이블도 있음)
직사각형 테이블	식사 테이블 및 다용도로 사용
세미나 테이블	회의장에서 책상으로 사용
반원 테이블	사각형 테이블에서 타원형을 만들 때 사용
초승달형 테이블	음식을 배열할 때 사용
쿼터라운드 테이블	1/4원형 테이블로서 4각의 모서리를 처리할 때 사용

▲ 라운드 테이블 ▲ 직사각형 테이블 ▲ 세미나 테이블

▲ 반원 테이블 ▲ 초승달형 ▲ 쿼터라운드 테이블

2. 테이블 플랜

연회장에서 테이블 배치는 행사의 성격에 따라 다양하며, 종류는 다음과 같다.

1) 라운드 테이블 배열(Round Table Style)

연회장에서 많은 인원이 식사할 때 사용하는 배열로서 테이블 간 간격은 사람이 왕래하는 데 불편이 없어야 한다.

2) 타원형 배열(Oval Style)

상석의 개념이 필요 없는 소수의 인원이 회의나 식사할 때 유용한 배열이다.

▲ 라운드 테이블 배열

▲ 타원형 배열

3) 리셉션 배열(Reception Style)

스탠딩 리셉션 때 사용하며, 의자는 없고 테이블만 배열하는 형태이다.

4) 공백식 사각 배열(Hollow Square Style)

소규모 인원이 식사나 음료를 겸할 때 유용한 배열로 안쪽은 들어갈 수 없으므로 의자는 바깥쪽에만 배열한다.

5) 공백식 타원형 배열(Hollow Circular Style)

공백식 사각 배열 보다는 좀 더 격식 있는 회의를 할 때 유용한 배열이다.

▲ 공백식 사각 배열

▲ 공백식 타원형 배열

6) 교실형 배열(School Style)

학교 교실처럼 배열하며, 1개의 테이블에 2~3명이 앉는다.

7) 극장식 배열(Theater Style)

테이블이 없고 의자만 배열하는 형태로 많은 인원이 앉을 때 사용한다.

▲ 교실형 배열

▲ 극장식 배열

8) U자형 배열(U Shape Style)

주로 소수의 인원이 회의나 식사를 할 때 유용하며, 테이블 크로스는 양쪽이 균형 있게 내려와야 한다.

9) I자형 배열(I Shape Style)

작은 인원의 회의나 식사 시에 유용하다.

▲ U자형 배열

▲ I자형 배열

제 5 절 연회 진행 서비스

1. 연회 진행 순서

연회장에서 연회준비를 위한 진행절차는 크게 다음과 같은 순서로 진행된다.

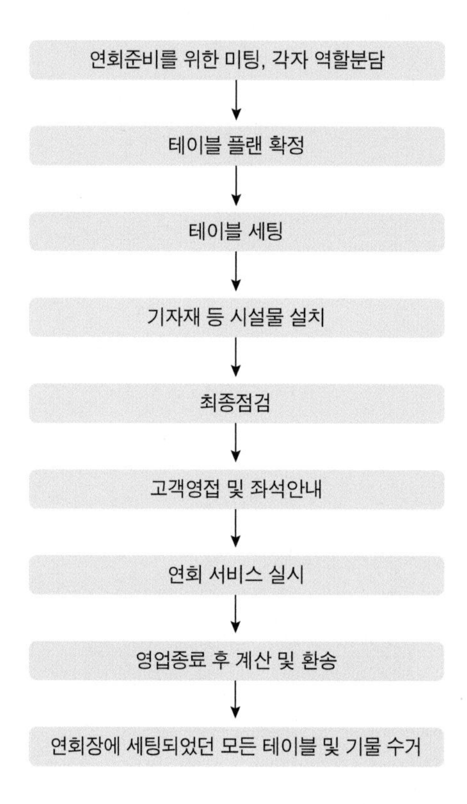

2. 식음료 제공 서비스

연회장에서 음식서비스는 많은 인원에게 동시에 서브되어야 하는데 주빈석에 서브 되는 것을 기점으로 일제히 서브된다. 따라서 주빈석은 경험이 많고 능숙한 캡틴이 담당한다.

연회장 지배인은 식음료 코스가 제공되는 동안 진행상황을 파악하여 원활한 서비스가 될 수 있도록 지휘 및 통솔을 하여야 한다. 식음료를 제공할 때 양식메뉴를 서비스하는 순서와 방법은 〈표 10-2〉와 같다.

표 10-2 양식메뉴 서비스 순서

순 서	MENU	항 목	서비스 실시계획	사용기물
1		고객입장	고객 입장시 정중히 인사하고 착석하도록 도와준다.	
2	White Wine	Wine Serve	Head Waiter의 신호에 의해서 Host Taste가 끝난 후	Hand Towel 착용
3	Appetizer	Appetizer Serve	처음 동작은 Head Table과 같이 보조를 맞추어 서브한다.	Tray
4	Bread	Bread Serve	Bread Basket&Tray를 준비하여 고객의 왼쪽에서 서브.	Bread Basket
5		App-Plate Pick-up	App-Plate를 고객의 왼쪽에서 뺀다.	Tray
6	Soup	Soup Bowl or Cup Set-up	뜨겁게 데워진 Soup Bowl or Cup을 고객의 오른쪽에서 Set-up	Tray
7		Soup Serve	Soup Tureen, Soup Ladle을 사용하여 왼쪽에서 서브.	Soup Tureen Soup Ladle
8	Salad	Salad Serve	고객의 왼쪽 공간에 Salad Serve	Tray
9		Bowl or Cup Pick-up	Salad Serve 후 Soup Bowl or Cup Pick-up	Tray
10	Main dish	Main dish Serve	Main dish를 고객의 오른쪽에서 정중히 서브하며 "맛있게 드십시오"라고 인사한다.	Hand
11		Main dish Salad Bowl Pick-up	고객의 오른쪽에서 Tray를 이용하여 소리가 나지 않게 조용히 뺀다.	Tray
12	Dessert	Dessert Serve	Dessert를 고객의 오른쪽에서 서브한다.	Tray
13	Coffee or Tea	Coffee or Tea Serve	Speech가 없을 때에는 Dessert 서브 후 Coffee Serve를 가급적 빨리 한다.	Coffee Pot

*자료 : Lotte Hotel Food & Beverage Manual.

3. 행사 후 서비스

연회 행사를 마친 후 고객이 일어서면 보조하고 소지품을 잘 챙겼는지 확인시켜 준다. 그리고 고객이 연회장을 나갈 때 서비스 인원이 입구에 도열하여 고객을 환송한다.

고객이 모두 퇴장하고 행사 개최측만 남아 있을 때 꽃, 케이크 등을 포장하여 전달하고 계산서에 사인(sign)을 받는다.

고객에게 계산서 사인을 받으면서 행사에 대한 서비스를 평가받고 감사의 인사말을 전한다. 꽃과 행사용 물품이 많을 때는 현관까지 운반해 주고 배웅한다.

제 6 절 연회예약

1. 연회예약의 개요

이제는 고객의 예약을 기다리는 시대에서 벗어나 적극적인 판촉활동을 통하여 고객확보에 최선의 노력을 기울여야 하는 경쟁의 시대이다. 경쟁업체보다 우위를 유지하려면 최고의 시설과 서비스를 지속적으로 개발해야 한다.

여기에 예약 담당자의 친절한 안내와 정중한 언어구사 및 상품지식 등을 습득하여 고객에게 좋은 이미지를 심어 주는 것도 중요하다. 또한 연회는 요금이 정해진 상품뿐만 아니라 연회상품을 개발하여 판매하기도 하기 때문에 예약종사원의 역할은 판매이윤 증진 및 예약의 활성화를 위해서 중요하다.

2. 연회예약 진행과정

연회예약은 연회계약서(Function Reservation Sheet) 서식에 의하여 고객과 한 가지씩 상담하고 협의하면서 기록하면 되는데 예약의 진행순서는 다음과 같다.

1) 날짜와 시간 조정

날짜 조정 고객이 원하는 날짜와 시간에 예약을 접수 받으면 된다. 그러나 예약장부(Control Chart)를 확인한 결과 선약이 되어 있다면 그 날짜에 예약된 것이 확정적인지 또는 잠정적인지를 신속히 확인할 필요가 있다.

만약 확정적 예약일 때는 문의 고객에게 다른 날짜로 권유하여 본다. 또한 잠정적 예약일 경우에는 연락을 취해 빠른 결정을 요구함과 동시에 선수금(Deposit)을 받아 구체화시키는 것이 필요하다.

시간 조정 연회예약에 있어 연회장 사용시간대는 매우 중요하다. 연회장 사용시간대를 크게 조·중·석식 시간대로 나누어 적절하게 운영하면 매출의 극대화를 기할 수 있다.

2) 연회장 배정

일반적으로 호텔의 연회장은 대·중·소규모의 다수 연회장을 보유하고 있으므로 행사의 규모나 성격을 고려하여 효율적인 운영과 매출의 극대화를 위하여 행사규모에 맞는 연회장 배정이 중요하다.

3) 견적서 작성

견적서를 작성할 때는 고객의 예산을 충분히 고려하여 견적서를 작성하는 것이 좋다. 무료로 제공되는 품목이 있다면 '무료'라고 표기하되 원래 가격을 표기한다.

견적서 작성시, 식음료 요금은 봉사료와 세금을 포함한 가격을 표기하고, 연회장의 도면과 좌석배치(lay out)도 함께 제공한다.

4) 계약서 작성

호텔의 연회행사는 계약서에 계약인원을 기재하지만 정확한 인원수는 행사당일에야 정확히 파악된다. 계약인원 폭이 크면 호텔과 예약고객 모두에게 피해가 올 수 있으므로 지급보증(Guarantee)이 필요하다. 계약서 작성시에는 다음 몇 가지를 체크하여 계약서에 기재하는 것이 중요하다.

계약인원과 지급보증 계약인원이란 계약서에 기재하는 참가인원 수이다. 그러나 계약인원보다 참가인원이 적을 경우 피해가 올 수 있어 지급보증이 필요하다.

지급보증이란 계약인원보다 참가인원이 감소하더라도 고객이 책임지고 지급하는 보증인원 수이다.

뷔페와 칵테일 리셉션의 최저인원 뷔페와 칵테일 리셉션 계약은 최소 50명 정도를 기준으로 하고 있다. 단 고객의 특별한 요구가 있을 때에는 30~40명 정도의 뷔페도 가능하나 그런 경우에는 가격을 높게 받는다.

음료협의 음료는 외부에서 반입을 금지하는 것이 원칙이다. 단 고객이 부득이 반입을 요구할 때에는 호텔음료와 고객반입을 절충한다. 이 때 고객의 반입음료에는 코키지 요금(Corkage Charge)을 적용한다.

사인보드와 배너 사인보드는 호텔 측에서 무료로 로비나 행사장 입구에 설치하는 것이 일반적이고, 배너는 유료이나 행사의 규모나 매출액 등에 따라 무료로 제공하는 경우가 많다. 배너의 경우 고객에게 정확한 행사명, 로고, 모양, 색상 등을 확인하여 주문한다.

계약금 모든 협의가 끝나면 고객에게 계약금을 받는다. 계약금은 일반적으로 10% 정도를 받는다. 계약서를 작성하고 계약금을 받고 나면 계약서에 고객의 사인을 받음으로써 계약서 작성이 종료된다.

5) 연회행사 오더 작성

연회계약서 작성이 끝나면 행사가 유치된 것으로 예약대장(control chart)에 행사

날짜 등을 기재하고 각 부서에 전달할 행사오더(order)를 작성한다.

6) 행사오더 배포

연회행사 오더가 작성되는 대로 관련부서에 전달하여 행사 당일 차질 없이 진행될 수 있도록 한다.

표 10-3 연회행사 배부처

부서(팀)	담당	관련 업무 사항
총지배인실	총지배인	영업 총괄 업무 및 VIP고객 영접 및 환송
당직지배인실	당직지배인	VIP고객 파악 및 의전 담당, 총지배인 보좌 역할
식음료팀	팀장	행사 주무 부서장으로서 업무 총괄 파악 및 주관
	연회담당	행사 총괄 주관(서비스, 고객 영접 및 환송 등)
조리팀	팀장	요리계획 및 준비점검
	연회주방	요리준비
	베이커리	케익 및 디저트 준비
	스튜어드	기물제공 및 세척처리
객실팀	팀장	객실 관련 업무 점검 및 지원
	하우스키핑	연회장 청소 및 환경 점검
	교환실	행사장 전화기 연결 및 점검
판촉팀	팀장	행사 고객 관리 업무 총괄
	담당	행사 고객 관리 담당 업무 수행
아트&디자인실	실장	디자인 관련사항 총괄
	담당	사인보드 및 배너처리, 행사장 점검 등
경리팀	팀장	계산관계 총괄
	담당	계산관련 및 후불처리, 원가관리 등
총무팀	팀장	총무 관련 사항 총괄
	주차관리담당	행사관련 주차관리 수행
시설팀	팀장	시설관련 총괄
	전기담당	전기, 조명 등 점검
	방송실	음향기기 일체 준비 및 점검

7) 행사 취소시

행사가 취소되었을 때는 즉시 예약 장부를 정정하고 관련부서에 취소사항을 전달하며, 취소 접수 일자, 취소 신청자 이름과 연락처, 취소접수자의 이름을 대장에 기록한다. 행사 취소시에는 취소의 원인을 정확히 파악하고 대비한다.

PART 5

음료 관리

Chapter 11 음 료

Chapter 11 음 료

제 1 절 음료의 이해

1. 음료의 역사

인류 최초의 음료는 물이다. 옛날 사람들은 아마 이런 순수한 물을 마시고 그들의 갈증을 달래고 만족하였을 것이다. 그러나 세계 문명의 발상지인 유명한 티그리스(Tigris) 강과 유프라테스(Euphrates) 강의 풍부한 수역에서도 강물이 더러워 강 유역 일대의 주민들이 전염병의 위기에 처해 있을 때 강물을 독자적인 방법으로 가공하는 방법을 배워 안전하게 마셨다고 전해지듯이 인간은 오염으로 인해 순수한 물을 마실 수 없게 되자 색다른 음료를 연구할 수밖에 없었다.

음료에 관한 고고학적(考古學的) 자료가 없기 때문에 정확히는 알 수 없으나, 자연적으로 존재하는 봉밀(蜂蜜)을 그대로 혹은 물에 약하게 타서 마시기 시작한 것이 그 시초라고 추측한다.

2. 음료의 정의

우리 인간의 신체 구성 요건 가운데 약 70%가 물이라고 한다. 모든 생물이 물로부터 발생하였으며, 또한 인간의 생명과 밀접한 관계를 가지고 있는 것이 물, 즉 음료라는 것을 생각할 때 음료가 우리 일상생활에 얼마나 중요한 것인가를 알 수 있다. 그러나 현대인들은 여러 가지 공해로 인하여 순수한 물을 마실 수 없게 되었고 따라서 현대 문명 혜택의 산물로 여러 가지 음료가 등장하게 되어 그 종류가 다양해졌으며 각자 나름대로의 기호 음료를 찾게 되었다.

음료(Beverage)라고 하면 우리 한국인들은 주로 비 알코올성 음료만을 뜻하는 것으로, 알코올성 음료는 '술'이라고 구분해서 생각하는 것이 일반적이라 할 수 있다. 또한 와인(Wine)이라고 하는 것은 포도주라는 뜻으로 많이 쓰이나 넓은 의미로는 술을 총칭하고 좁은 의미로는 발효주(특히 과일)를 뜻한다.

일반적으로 술을 총칭하는 말로는 리커(Liquor)가 있으나 이는 주로 증류주(Distilled Liquor)를 표현하며 Hard Liquor(독한 술, 증류주) 또는 Spirits라고도 쓴다.

3. 음료의 분류

음료란 크게 알코올성 음료(Alcoholic Beverage=Hard Drink)와 비 알코올성 음료(Non-Alcoholic Beverage=Soft Drink)로 구분되는데 알코올성 음료는 일반적으로 술을 의미하고 비 알코올성 음료는 청량음료, 영양음료, 기호음료로 나눈다. 음료를 종류별로 분류해 보면 〈표 11-1〉과 같다.

표 11-1 음료의 분류표

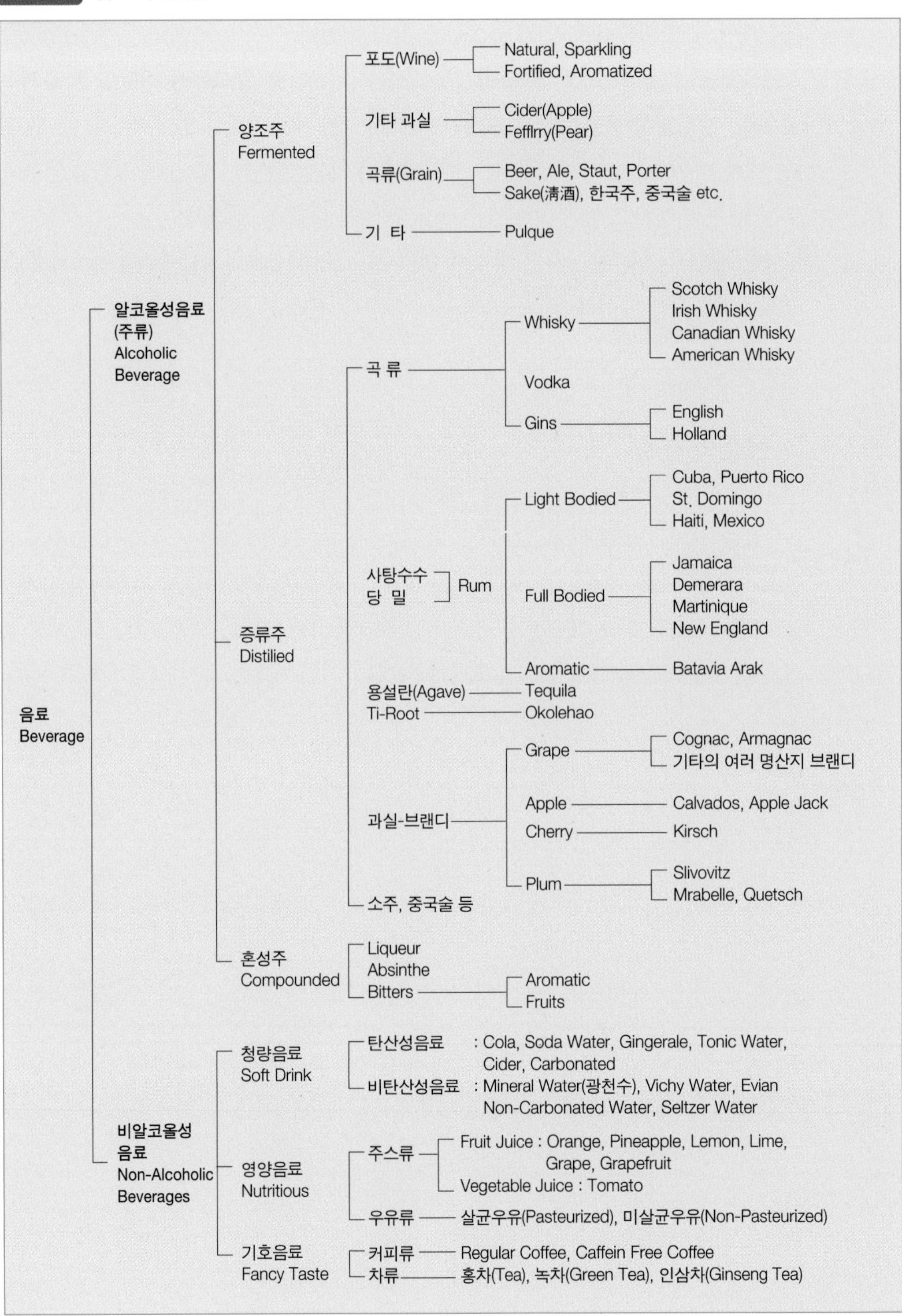
음료
Beverage
알코올성음료
(주류)
Alcoholic
Beverage
양조주
Fermented
포도(Wine)
Natural, Sparkling
Fortified, Aromatized
기타 과실
Cider(Apple)
Fefflrry(Pear)
곡류(Grain)
Beer, Ale, Staut, Porter
Sake(清酒), 한국주, 중국술 etc.
기 타
Pulque
증류주
Distilied
곡 류
Whisky
Scotch Whisky
Irish Whisky
Canadian Whisky
American Whisky
Vodka
Gins
English
Holland
사탕수수
당 밀
Rum
Light Bodied
Cuba, Puerto Rico
St. Domingo
Haiti, Mexico
Full Bodied
Jamaica
Demerara
Martinique
New England
Aromatic
Batavia Arak
용설란(Agave)
Tequila
Ti-Root
Okolehao
과실-브랜디
Grape
Cognac, Armagnac
기타의 여러 명산지 브랜디
Apple
Calvados, Apple Jack
Cherry
Kirsch
Plum
Slivovitz
Mrabelle, Quetsch
소주, 중국술 등
혼성주
Compounded
Liqueur
Absinthe
Bitters
Aromatic
Fruits
비알코올성
음료
Non-Alcoholic
Beverages
청량음료
Soft Drink
탄산성음료
: Cola, Soda Water, Gingerale, Tonic Water, Cider, Carbonated
비탄산성음료
: Mineral Water(광천수), Vichy Water, Evian Non-Carbonated Water, Seltzer Water
영양음료
Nutritious
주스류
Fruit Juice : Orange, Pineapple, Lemon, Lime, Grape, Grapefruit
Vegetable Juice : Tomato
우유류
살균우유(Pasteurized), 미살균우유(Non-Pasteurized)
기호음료
Fancy Taste
커피류
Regular Coffee, Caffein Free Coffee
차류
홍차(Tea), 녹차(Green Tea), 인삼차(Ginseng Tea)

제 2 절 알코올성 음료

1. 증류주(Distilled Liquor)

곡물이나 과실 또는 당분을 포함한 원료를 발효시켜서 약한 주정분(양조주)을 만들고 그것을 다시 증류기에 의해 증류한 것이다. 증류주는 크게 위스키, 브랜디, 진, 보드카, 럼 등으로 분류할 수 있다.

1) 위스키(Whisky)

도대체 위스키는 언제 생긴 것일까? 여러 가지 설이 있으나 지금에 와서는 스카치(Scotch)의 역사가 곧 위스키의 역사라 할 수 있다. 12C경 이전에 처음으로 원조가 된 것으로 본다. 대표적인 위스키의 분류는 다음과 같다.

① 스카치 위스키(Scotch Whisky)

Scotland에서 생산되는 위스키의 총칭이다.

- Scotch Whisky의 유명 상표 : Chivas Regal, Johnnie Walker, Ballantine, John Haig, White Horse, Old Parr, Black & White, White Label, Vat69, Long John, Bell's, King George IV, Concorde, J & B 등

▲ **스카치 위스키 프리미엄**(① 조니워커블루 ② 조니워커블랙 ③ 시바스리갈 ④ 발렌타인17년 ⑤ 로얄살루트 ⑥ 그랜피딕 ⑦ 맥캘리18년)

▲ **스카치 위스키 스탠다드**(① 커티삭 ② 발렌타인6년 ③ 조니워커 ④ 더월스 ⑤ 제이엔비)

② 아메리칸 위스키(American Whisky)

미국에서 생산되는 Whisky의 총칭이다.

- American Whisky의 유명 상표 : I.W Harper, Old Grand Dad, Jim Beam, Wild Turkey 등

▲ **아메리칸 위스키**(① 올드그랜레드 ② 짐빔 ③ 젝다니엘블랙 ④ 와일드터키)

③ 아이리쉬 위스키(Irish Whisky)

아일랜드(Ireland)산의 위스키를 총칭한다.

- Irish Whisky의 유명 상표 : John Jameson, Old Bushmills 등

▲ **아이리쉬 위스키**(존제임슨)

④ 캐나디안 위스키(Canadian Whisky)

캐나다 내에서 생산되는 위스키를 총칭한다.

- Canadian Whisky의 유명 상표 : Canadian Club(C.C), Seagram's V.O, Seagram's Crown Royal 등

▲ **캐나디안 위스키**(① 캐나디언클럽 ② 크라운로얄 ③ 원저카나디안)

2) 브랜디(Brandy)

브랜디의 어원은 17세기에 꼬냑지방의 와인을 폴란드로 운송하던 네델란드 선박의 선장이 험한 항로에서 화물의 부피를 줄이기 위한 방법으로 와인을 증류하였다. 그것을 네델란드어로 Brandewine 즉, Brunt Wine이라 부른 데서 기원한 것으로 이를 프랑스어로 Brande Vin이라 하고, 이 말이 영어화되어 브랜디라 불려지게 되었다. 특히 코냑(Cognac)지방의 것이 세계적으로 유명하며, 이 지방에서 생산된 브랜디만을 코냑으로 인정하고 있다. 대표적인 브랜디의 종류는 다음과 같다.

① 코냑(Cognac)

코냑 지방은 와인의 명산지인 보르도의 북쪽에 위치한 도시로, 이 지역에서 생산한 브랜디만을 코냑이라 부른다. 코냑의 5대 유명 회사(상표)는 카뮈(Camus), 쿠르브아제(Courvoisier), 헤네시(Hennessy), 마텔(Martell), 레미마틴(Remy martin)이 있으며, 그 외의 회사로는 비스키(Bisquit), 오타르(Otard)등이 있다.

▲ 코냑(① 샤보트 ② 까뮤스X.O ③ 헤네시X.O ④ 마르텔V.S.O.P ⑤ 헤네시V.S.O.P ⑥ 마르텔X.O)

코냑은 숙성연한에 따라 별 또는 문자로 구분하여 표시하는데 법적으로 규정된 것은 아니며, 회사마다 차이가 있을 수 있는데 숙성기간의 표시는 다음과 같다.

※ 브랜디 등급 머리글자

- V : Very
- S : Superior
- O : Old
- P : Pale
- X : Extra

※ 브랜디 등급 숙성연도

- 3 star : 5년 이상
- 5 star : 10년 이상
- V.S.O.P : 10년 이상
- Napoleon : 15년 이상
- X.O : 20년 이상
- Extra : 45년 이상

※ 1865년 헤네시(Hennessy)사의 등급 표시

- V.O : 15년
- V.S.O : 15~25년
- V.S.O.P : 25~30년
- X.O : 45년 이상
- EXTRA : 70년 이상

② 아르마냑(Armagnac)

아르마냑은 보르도 지방의 남서쪽에 위치하고 있으며, 이 지방에서 생산하는 브랜디만을 아르마냑이라고 한다. 아르마냑은 숙성시킬 때 향이 강한 블랙 오크통을 사용하기 때문에 꼬냑보다 숙성이 빠르다. 보통 10년 정도면 완전히 숙성한 아르마냑이 되며 숙성연도 표시는 꼬냑에 준한다.

아르마냑의 유명상표는 샤보(Chabot), 자뉴(Janneau), 말리약(Malliac), 몽테스큐(Montesquiou)등이 있다.

③ 오드비(Eau de vie)

오드비란 영어의 'Water of life'(생명의 물)라는 뜻으로 프랑스의 브랜디를 의미한다. 포도 이외의 다른 과실을 주원료로 만든 증류주를 보통 오드비라고 부르며, 곡물로 증류한 것은 슈납(Schnapps)이라고 한다.

오드비의 종류에는 브롬베아가이스트(Brombeergeist), 키르쉬 밧서(Kisch wasser), 애플 잭(Apple jack), 칼바도스(Calvados), 프람보아즈(Framboise), 플럼(Prune), 그라파(Grappa) 등이 있다.

3) 진(Gin)

진은 네덜란드의 라이덴 대학의 실비우스(Sylvius) 박사가 약주로서 개발한 것이 시초이다. 17세기 말엽에는 런던에서 만들어져 주니에브르(Genievre)를 짧게 줄여서 Gin이라고 부르게 되었으며, 대표적인 진의 종류는 다음과 같다.

① 네델란드 진(Holland Gin)

향미가 짙고 맥아의 향취가 남아 있는 타입으로 홀랜드 진 또는 주네바라고도 한다.

- Holland Gin의 유명 상표 : Bols Geneva 등

② 영국 진(England Gin)

영국 진은 세계적으로 호평을 받고 가장 많이 애음되고 있는 술로서, 드라이 진이라고도 한다.

• London Dry Gin의 유명 상표 : Beefeater, Gordons, Tanqueray 등

▲ 영국 진(① 비이피터진 ② 고든진)

③ 미국 진(American Gin)

영국에서 보급된 미국 진은 매우 순하고 부드럽게 만들어져 칵테일의 기본주로 사용되면서 널리 알려지게 되었다.

• American Gin의 유명 상표 : Gilbey's 등

④ 독일 진(German Gin)

독일산 맥아를 주원료로 사용하여 근대적인 증류법인 단식증류기로 양조한 것으로 네덜란드의 진과 매우 유사한 것이 특징이다.

• German Gin의 유명 상표 : Schlichte Steinhager, Schinken Hager, Doornkaat 등

4) 보드카(Vodka)

보드카(Vodka)는 슬라브 민족의 국민주라고 할 수 있을 정도로 애음되는 술이다. 무색(Colorless), 무미(Tasteless), 무취(Odorless)의 술로서 칵테일의 기본주로 많이 사용한다.

이러한 보드카는 혹한의 나라 러시아인들에게는 몸을 따뜻하게 하는 수단으로 마셔왔으며, 노동자나 귀족계급 할 것 없이 누구나 즐겨 마시는 술이었다. 대표적인 보드카의 종류는 다음과 같다.

① 러시아 보드카(Russian Vodka)

• Russian Vodka의 유명 상표 : Moskovskaya, Stolichnaya, Stolovaya, Pertsovka 등

② 미국 보드카(American Vodka)

- American Vodka의 유명 상표 : Smirnoff, Samovar, Hiram's Walker 등

③ 영국 보드카(England Vodka)

- Gordon's, Gilbey's 등이 있다.

▲ 미국 보드카(① 앱솔루터 ② 스미노프)

5) 럼(Rum)

서인도제도가 원산지인 럼은 사탕수수의 생성물을 발효, 증류, 저장시킨 술로서 독특하고 강렬한 방향이 있고, 남국적인 야성미를 갖추고 있으며 해적의 술이라고도 한다. 럼의 역사는 서인도제도의 역사를 보는 데서 시작된다. 1492년 Columbus에 의해 발견된 이후 사탕수수를 심어 재배하였다. 이후 유럽과 미국을 연결하는 중요 지점으로서 유럽 여러 나라의 식민지가 되고 사탕의 공급지로 번영했다. 대표적인 럼의 종류는 다음과 같다.

▲ 바카디 럼(① 화이트 ② 골드)

① Heavy Rum(Dark Rum)

감미가 강하고 짙은 갈색으로 특히 Jamaicatks이 유명하다. 유명 상표로는 Jamaica Rum 등이 있다.

② Medium Rum(Gold Rum)

Heavy Rum과 Light Rum의 중간색으로 서양인들이 위스키나 브랜디의 색을 좋아하는 기호에 맞추어 Caramel로 착색한다. 유명 상표로는 Dominica Rum, Giana Rum 등이 있다.

③ Light Rum(White Rum)

담색 또는 무색으로 칵테일의 기본 주로 사용된다. 쿠바(Cuba)산이 제일 유명하다. 유명 상표로는 Cuba Rum, Puerto Rico Rum, Mexico Rum 등이 있다.

6) 테킬라(Tequila)

테킬라의 원산지는 멕시코의 중앙 고원지대에 위치한 제2의 도시인 라다하라 교외에 테킬라라는 마을이 있으며 여기서 멕시코 인디안들에 의해 생산되기 시작하였다.

멕시코의 여러 곳에서 유사한 증류주를 생산하는데 이를 Mezcal(메즈칼)이라고 부른다. 이러한 Mezcal중에서 테킬라 마을에서 생산되는 것만을 Tequila라고 부르며 어원도 마을 이름에서 유래되었다. 테킬라의 종류는 다음과 같다.

① Pulque(플케)

6종 이상 Agave Plant를 사용하여 수액을 발효시킨 양조주, 스페인의 멕시코 정복 이전부터 애용되어 온 멕시코의 국민주이다.

② Mezcal(메즈칼)

여러 수종의 Agave Plant로부터 채취된 수액의 발효액, 즉 Pulque를 증류한 것으로서 여러 지방에서 생산된다(영어표기 ; Mescal).

③ Tequila(테킬라)

Mezcal과는 두 가지 차이점이 있다. 하나는 'Agave Tequila'라고 하는 단 한 종

테킬라 종류

▲ 페페로페즈 ▲ 호세꾸엘보 ▲ 드란고오 ▲ 투핑크스 ▲ 마리아치

의 Agave만을 사용하는 것과, 다른 하나는 테킬라 마을에서 생산되는 Mezcal만을 테킬라라고 칭하고 있다.

2. 혼성주(Liqueur)

혼성주(Liqueur)는 과일이나 곡류를 발효시킨 주정을 기포로 하여 증류한 Spirits에 정제한 설탕으로 감미를 더하고 과실이나 약초류, 향료 등 초근 목피의 침출물로 향미를 붙인 혼성주이다. 즉 색채, 향기, 감미, 알코올의 조화가 잡힌 것이 리큐어의 특징이다.

혼성주는 식후에 주로 마시며, 칵테일의 주재료와 부재료로도 많이 사용되고 있다. 대표적인 혼성주를 분류하면 다음과 같다.

1) 큐라소(Curacao)

오렌지 향기가 강한 리큐르이다.

주정도는 단 것이 30°, 달지 않은 것은 37° 내외이다.

▲ 큐라소

2) 체리 헤링(Cherry Heering)

덴마크의 Black cherry로 만들어진 것으로 향기가 짙다.

3) 크림 드 멘트(Cream de Menthe)

Peppermint라고도 하며, 신선한 박하(Mint)향을 첨가한 리큐어로 Green, White, Pink등이 있다.

▲ 크림 드 멘트 그린 ▲ 페퍼민트 화이트

4) 크림 드 바나나(Cream de Bananas)

바나나를 원료로 배합한 술로 주로 미국에서 생산한다.

5) 베네딕틴 디오엠(Benedictine D.O.M)

1510년경 프랑스의 한 수도원에서 성직자가 만든 술로서, 코냑에 허브 향료를 첨가하여 만들었다. D.O.M은 라틴어 'Deo Optimo Maximo'의 약어인데 '최고로 좋은 것을 신에게 바친다'라는 뜻이다.

▲ 베네딕틴 디오엠

6) 꼬인뚜루(Cointreau)

오렌지의 에센스를 추출하여 브랜디와 혼합하여 만든 술이다.

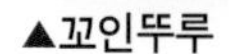

▲꼬인뚜루

7) 드람부이(Drambuie)

드람부이는 '사람을 만족시킨다'라는 뜻을 가지고 있고, 스카치 위스키에 꿀을 넣어 만든 술이다.

▲ 드람부이

8) 깔루아(Kahlua)

멕시코의 커피 리큐르로서 커피 열매, 코코아 열매, 바닐라 등으로 만든 술이다.

9) 갈리아노(Galliano)

산뜻한 향미의 이 술은 이탈리아에서 만들며 병모양이 긴 것이 특징이다. 술의 이름은 이탈리아 '앤다재수스'라는 요새를 영웅적으로 방어한 '갈리아노'라는 소령의 이름에서 유래되었다.

▲갈리아노

10) 슬로진(Sloe Gin)

슬로베리로 맛을 내어 감미가 적고 약간 신맛이 나는 리큐르이다.

11) 크림 드 카카오(Cream de Cacao)

'Cream'이란 '최상'이라는 뜻이고 브랜디에 과일, 약초 등을 첨가하여 만든 술이다. 코코아 씨앗이 주원료로 주정도는 25~30° 이며 brown과 white가 있다.

▲ 크림 드 카시스 ▲ 크림 드 카카오

12) 그랑 마니에(Grand Marnier)

3~4년 숙성시킨 꼬냑에 오렌지 껍질을 배합하여 재숙성시켜 만든 리큐르이다. caraway seed(회향초씨)를 사용하여 만들며 Gin과 같은 술이다.

기타 혼성주 종류

▲ 어프리콧 브랜디 ▲ 체리브랜디 ▲아마레또 ▲ 베일리스 ▲ 피치브랜디

3. 양조주(Fermented Liquor)

양조주는 술의 역사로 보아 가장 오래 전부터 인간이 마셔온 술로서, 곡류(穀類)와 과실(果實) 등 당분이 함유된 원료를 효모균(酵母菌)에 의하여 발효시켜 얻어지는 포도주(Wine)와 사과주(Cider)가 있다.

또 하나는 전분(澱粉)을 원료로 하여 그 전분을 당화시켜 다시 발효 공정을 거쳐 얻어내는 것으로 맥주(麥酒)와 청주(淸酒) 등이 있으며, 대표적으로 맥주에 대하여 설명하면 다음과 같다.

1) 맥주(Beer)의 역사

맥주의 역사는 인류의 역사와 같이 동행하였다 해도 과언은 아닐 것이다.

고고학자들의 연구에 의하면 B.C 4200년경에 바빌론(현재의 이라크)에 살던 수메르인들은 빵 조각을 물에 담궈 빵의 이스트(Yeast)로 발효시킨 맥주를 마셨다 한다. B.C 3000년경의 것으로 추정되는 이집트 왕의 분묘에는 맥주 양조장을 그린 벽화가 발견되었다.

19C(1876)에 이르러 인공 냉각법의 개발과 발효의 아버지로 불리우는 파스퇴르(Louis Pasteur : 1822~1895)가 맥주의 양조와 발효현상을 해명한 업적에 의해 오늘날 우량 맥주의 대량 생산을 가능케 한 것이다.

2) 맥주의 유명 상표

① 독일 : Löwenbräu, Ulnion, Hansa, dab, Astra

② 덴마크 : Carlsberg, Tuborg

③ 네덜란드 : Heineken

④ 스웨덴 : Three Crown

⑤ 체코슬로바키아 : Pilsner(Pilsen)
⑥ 영국 : Guiness Stout
⑦ 미국 : Budweiser, Miller
⑧ 일본 : 기린 맥주 등

3) 맥주 서비스

맥주의 온도는 기호에 따라 조금씩 달라지나 일반적으로 맥주의 독특한 맛이 살아나는 온도는 여름 4~8℃, 겨울에는 8~12℃ 정도로 마시는 것이 좋다.

맥주의 거품은 청량감을 주는 탄산가스가 새어나가는 것은 물론 맥주가 공기 중에서 산화되는 것을 막아주므로 맥주를 따를 때에는 2~3cm정도 거품이 덮이도록 제공해야 한다.

▲ **독일 민속축제 옥토버 페스트(비어축제) 전경** 독일 옥토버페스트(Octoberfest) 축제는 브라질의 리우카니발, 일본의 삿포르 눈축제와 더불어 세계 3대 축제로 일컬어진다. 독일 각지의 양조장들이 놀이공원 등에 자기네들만의 천막을 세우고 그 안에서 흥겨운 음악과 함께 맥주를 판매하는 민속축제이다.

제 3 절 알코올 농도 계산법

알코올(Alcohol) 농도라 함은 온도 15℃일 때의 원용량 100분(分) 중에 함유하는 에틸알코올(Ethyl Alcohol)의 용량(Percentage by Volume)을 말한다. 이러한 알코올 농도를 표시하는 방법은 각 나라마다 다르다.

1. 영국의 도수 표시 방법

영국식 도수 표시는 사이크(Syke)가 고안한 알코올 비중계에 의한 사이크 프루프(Syke Proof)로 표시한다. 그러나 그 방법이 다른 나라에 비해 대단히 복잡하다. 그러므로 최근에는 수출 품목 상표에 영국식 도수를 표시하지 않고 미국식 프루프(Proof)를 사용하고 있다.

예) 80 Proof = U.P 29.9

2. 미국의 도수 표시 방법

미국의 술은 강도표시(强度表示)를 프루프(Proof) 단위로 사용하고 있다. 60℉(15.6℃)에 있어서의 물을 0으로 하고 순수 에틸 알코올을 200 Proof로 하고 있다. 주정도를 2배로 한 숫자로 100Proof는 주정도 50%라는 의미이다.

예) 86 Proof = 43°

3. 독일의 도수 표시 방법

독일은 중량비율(Percent by Weight)을 사용한다. 100g의 액체 중 몇 g의 순 에틸알코올이 함유되어 있는가를 표시한다. 술 100g중 에틸알코올이 40g들어 있으면 40%의 술이라고 표시한다.

예) 40° = 33.5% Alc/Weight

이와 같이 나라별로 약간씩 다른 방법이 있으나 현재 일반적으로 전 세계의 술에 표시되고 있는 알코올 농도는 Proof와 프랑스의 게이 류사크(Gay Lussac)가 고안한 용량분율(Percent by volume)을 사용하고 있다.

예) 86 Proof = 43% Vol(혹은 43% Alc/Vol)

Chapter 12 와 인

제 1 절 와인의 이해
제 2 절 와인의 분류
제 3 절 와인 테이스팅
제 4 절 와인 서비스
제 5 절 와인 라벨 읽기와 보관요령

Chapter 12 와 인

제 1 절 와인의 이해

1. 와인의 기원

와인은 인류가 야산에 있는 포도를 따서 보관하여 오던 중, 그것이 자연히 발효된 상태가 되어 이것을 마시게 됨으로써 시작된 것으로 추측된다.

▲ 고대 이집트의 벽화에서는 포도를 수확하는 것부터 마시기까지의 각 과정들을 보여주고 있다.

고고학자들의 주장에 의하면 와인은 약 1만년 전부터 만들어졌다고 하며, 구약성서에 의하면 노아(Noah)가 포도를 재배하고 와인을 만든 최초의 사람으로 되어 있다.

기원전 3000년경에는 이집트와 페니키아에서 재배되었으며, 기원전 1700년경에는 바빌로니아의 함무라비 법전에 포도주를 만드는 규정이 성문화되어 있다. 기원전 1300년경 이집트 왕의 분묘 벽면에도 와인 만드는 것이 그려져 있는 것으로 보아 그 당시에 와인 양조의 역사를 짐작할 수 있다.

▲ 포도재배농장 전경

근대에 와서는 미국의 캘리포니아와 오스트레일리아에서도 천혜의 기후와 토질을 이용하여 양질의 와인을 생산하고 있으며, 우리나라도 마주앙 등의 와인을 생산하고 있는데 세계와인과 비교해 보면 중급정도의 수준이다.

2. 와인의 제조과정

와인을 만드는 첫 번째 단계는 포도나무의 재배에서 시작된다. 포도나무는 심고 나서 5년이 지나야 상업용으로 쓰일 수 있는 포도가 생산되기 시작하여 35년 정도 계속해서 포도를 수확할 수 있다. 포도나무의 평균 수명은 30~35년 정도이며 150년 이상 되는 것도 있다. 또한 좋은 와인을 만들기 위해서는 완전한 숙성을 줄 수 있는 좋은 포도품종을 선택해야 하는 것은 기본이다. 와인의 종류에 따른 제조과정을 도표로 나타내면 〈표 12-1〉과 같다.

▲ 와인 셀라에서 숙성중인 오크통 전경

표 12-1 와인의 제조 과정

레드와인	화이트와인	로제와인	발포성 와인	주정 강화 와인
수 확	수 확	수 확	수 확	수 확
파 쇄	파 쇄 & 압 착	파 쇄	파 쇄	파 쇄
발 효	발 효 & 앙금제거	발효 중 껍질 제거	압착(1차 발효)	압 착
압 착	-	압 착	숙 성	발 효
숙 성	숙 성	숙 성	병입(효모/ 당분 첨가)	통숙성 (브랜디 첨가)
앙금제거	-	앙금제거	2차 발효	저 장
여 과	여 과	저 장	저 장	여 과
병 입	병 입	병 입	가 침	저 장
병 숙 성	병 숙 성	병 숙 성	숙 성	병 입
출 하	출 하	출 하	출 하	출 하

3. 와인의 주요 포도 품종

1) 레드와인 포도 품종

(1) 까베르네 소비뇽(Cabernet Sauvignon)

레드와인의 원료가 되는 포도 품종 중 가장 유명한 품종이다. 이 포도의 4대 특성은 포도알이 작고 색깔이 진하며 껍질은 두텁고, 과육의 비율이 높다. 주요 생산지는 프랑스 보르도의 메독(Medoc) 지역이지만, 요즘은 기온이 낮은 독일을 제외하고는 세계 전 지역에서 생산되고 있다.

(2) 까베르네 프랑(Cabernet Franc)

주로 까베르네 소비뇽과 혼합하여 사용되는 품종이다. 이 품종은 까베르네 소비뇽보다 색과 탄닌이 엷고 결과적으로 빨리 숙성이 된다. 이 포도로 만들어진 유명한 와인으로는 슈발 블랑(Cheval Blanc)이 있다.

(3) 삐노 누아(Pinot Noir)

프랑스 부르고뉴(Bourgogne/Burgundy)지방의 대표적 포도품종이다. 이 품종을 사용하는 부르고뉴산 레드와인은 보르도산 와인보다 색이 엷다.

(4) 멜로(Merlot)

까베르네 소비뇽과 비슷한 성격을 가지나, 탄닌이 적고 블랙 커런트 맛이 덜하다. 멜로는 프랑스 보르도 지방에서 주로 사용되며 특히 뽀므롤(Pomerol) 지역의 대표적 포도 품종이다.

(5) 가메이(Gamay)

부르고뉴 지역 남쪽에 위치한 보졸레(Beaujolais)지방의 대표적 포도 품종이다. 보졸레 노보와 보졸레 빌라지에 들어가는 포도다. 색이 매우 연하고 핑크색에 가까우며 시큼한 맛이 강한 것이 특징이다.

2) 화이트와인 포도 품종

(1) 샤르도네(Chardonnay)

프랑스의 가장 잘 알려진 화이트와인용 포도 품종이다. 프랑스 부르고뉴 지방에서 화이트와인을 만드는 데 주로 사용하는 품종이며 샹파뉴(Champagne) 지방에서도 이 포도가 사용된다.

(2) 슈냉 블랑(Chenin Blanc)

프랑스 남부 르와르(Loire)지방에서 재배되는 품종으로 높은 산도(Acidity)가 특징인 포도이다. 프랑스 이외에는 남아프리카, 캘리포니아, 호주 그리고 뉴질랜드에서 재배되고 있다.

(3) 리슬링(Riesling)

독일 화이트와인의 최상급 포도 품종으로 단맛과 신맛이 강한 포도이다. 이 포도는 기온이 낮은 지역에서 잘 자라서 독일과 프랑스의 알자스 그리고 호주에서 재배되고 있다.

(4) 실바너(Sylvaner)

예전에는 독일에서 가장 많이 재배되었던 포도였지만, 자생력이 더 강한 뮐러 투루가우 종으로 대체되고 있다.

(5) 소비뇽 블랑(Sauvignon Blanc)

프랑스 보르도 지역에서 화이트와인에 사용되는 대표적 포도 품종이다. 프랑스 르와르 지역과 뉴질랜드에서도 이 포도로 와인을 만들고 있다. 아주 드라이하며 향기가 독특하고 스모키한 냄새가 특징이다.

4. 와인의 대명사, 프랑스 와인

전 세계적으로 유명한 와인들을 대량으로 생산하는 국가들이 있다면 프랑스, 이탈리아, 독일, 스페인, 미국, 호주, 칠레 등일 것이다. 모든 나라의 와인들이 저마다 독특한 특성과 맛을 지니고 있지만 본서에서는 그 중에서도 가장 대표적이라 할 수 있는 프랑스 와인에 대해서만 살펴보기로 한다.

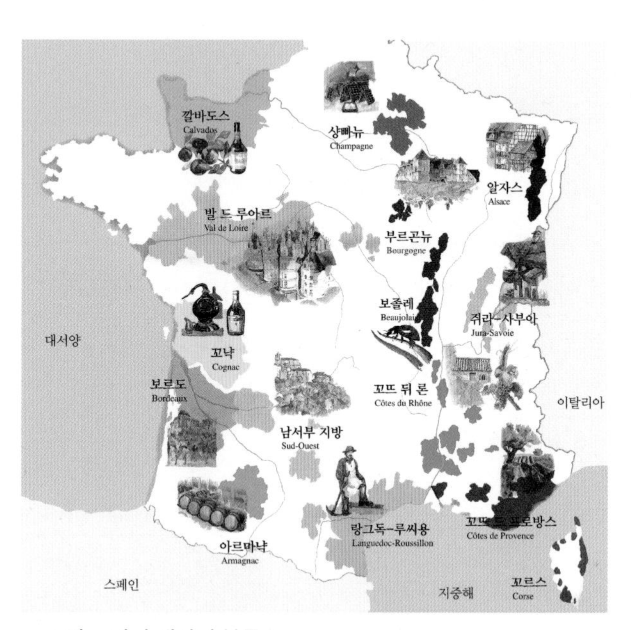

▲ 프랑스 와인 생산지 분류표

프랑스는 어느 곳이든 포도재배가 잘 되지만, 그 중에서도 세계적으로 유명한 와인 생산지는 보르도(Bordeaux), 부르고뉴(Bourgogne), 샹파뉴(Champagne) 등의 지역이 대표적이며, 자세히 살펴보면 다음과 같다.

1) 보르도(Bordeaux)

보르도 지방은 세계 최고의 와인 생산지로 유명한 곳이다. 특히 기후와 토양이 포도재배에 완벽하고 와인의 질과 양에서 프랑스를 대표하는 곳이라 할 수 있다. 이곳에서 생산되는 레드와인을 '와인의 여왕'이라고 칭하며, 프랑스 A.O.C. 와인의 25%를 이곳에서 생산하고 있다.

보르도 와인의 병은 병목이 짧고 몸통이 길며, 와인 명에는 성(城)이란 뜻의 샤또(Chateau)가 항상 앞에 붙는 것이 특징이다. 보르도 지방에서 유명한 생산지역을 살펴보면 다음과 같다.

(1) 메독(Medoc)

세계 최고의 레드와인의 명산지로서, 와인 상표에 '메독'이라는 표시가 있으면 좋은 와인이라고 생각해도 과언이 아닐 것이다. 토양의 성질과 재배하는 포도품종의 조화가 가장 잘된 곳으로 알려져 있으며, 대표적인 와인으로는 샤또 라피트 로스칠드(Ch. Lafite-Rothschild), 샤또 라뚜르(Ch. Latour), 샤또 마고(Ch. Margaux), 샤또 무통 로스칠드(Ch. Mouton-Rothschild) 등이 있다

(2) 포므롤(Pomerol)

이곳은 규모가 작고 생산량이 적지만, 희소가치로서 이름이 나 있기 때문에 유명 샤또의 와인은 구하기가 힘들 정도이며, 특히 샤또 페투르스의 와인은 값이 비싼 것으로 유명하다. 와인의 맛도 부드럽고 온화하며 향 또한 신선하고 풍부한 것으로 유명하다.

(3) 생떼밀리옹(Saint-Emilion)

아름답고 고풍스러운 풍경이 유명한 곳으로, 경사진 백악질 토양과 자갈밭에서 온화하고 부드러운 와인을 만들며, 레드와인의 명산지로 알려져 있다. 유명와인으로는 샤또 슈발 블랑(Ch. Cheval Blanc), 샤또 피지악(Ch. Figeac) 등이 있다.

(4) 소떼른느(Sauternes)

세계적으로 유명한 스위트 화이트와인을 생산하는 곳으로, 포도를 늦게까지 수확하지 않고 과숙시킨 후 곰팡이가 낀 다음에 수확하여 와인을 만들어 유명해진 곳이다. 유명한 와인으로 샤또 뒤켐(Ch. d'Yquem)은 세계에서 가장 비싼 화이트와인이라 할 수 있다.

보르도의 대표적 와인

▲ 뽀약 샤또 라피트 로스칠드 ▲ 뽀약 샤또라뚜르 ▲ 마고 샤또마고 ▲ 뽀약 샤또무똥로스칠드

2) 부르고뉴(Bourgogne, 또는 Burgundy)

부르고뉴 지방은 보르도 지방과 함께 프랑스 와인을 대표하는 곳으로 이곳에서 생산되는 와인을 '버건디 와인'이라고 한다. 버건디 와인은 '와인의 왕'에 비유되기도 하며, 와인의 맛이 남성적인 것으로 평가되며, 병모양은 통통한 것이 특징이다. 부르고뉴 지방의 주요 생산지역을 살펴보면 다음과 같다.

(1) 샤블리(Chablis)

샤블리는 세계 최고의 화이트와인을 생산하는 곳으로 알려져 있으며, 특등급(Grand Cru Chablis), 1등급(Premier Cru Chablis), 우수급(Chablis), 보통급(Petit Chablis) 등 크게 4개의 A.O.C 등급으로 나눈다.

부르고뉴의 대표적 와인

▲ 꼬트드본의 뫼르소 ▲ 뿔린느 몽라세 ▲ 꼬똥 샤를르마뉴 ▲ 몽라세

(2) 꼬트 도르(Cote d'Or)

언덕길을 따라 길게 뻗어 있는 포도밭에서 세계적인 와인의 표본이라 할 수 있는 완벽한 품질의 와인을 생산하고 있으며, 생동력과 원숙함이 잘 조화를 이루고 있는 점이 특징이다.

이곳은 와인의 생산량이 많지 않기 때문에 매년 비싼 가격으로도 구하기 힘들만큼 희귀성을 지닌 것으로 유명하다. 꼬트 도르는 북쪽의 꼬트 드 뉘(Cote de Nuit)와 남쪽의 꼬트 드 본(Cote de Beaune) 두 지역으로 나뉘어져 있다.

(3) 보졸레(Beaujolais)

우수한 레드와인을 생산하는 지역으로 기존 레드와인과 전혀 다른 스타일로 맛이 가볍고 신선한 레드와인을 빨리 만들어 빨리 소비하는 와인을 생산하는 것으로 유명한 곳이다.

보졸레 누보(Beaujolais Nouveau) 와인은 보통 늦여름에 수확하여 11월에 시장에 나올 정도로 생산과 소비의 회전이 빠르기 때문에 값이 저렴하고 맛이 좋은 대중주로 국내에서도 인기가 좋다.

▲ 보졸레 지역의 보졸레 누보 와인

(4) 꼬트 샬로네(Cote Chalonnaise)와 마꼬네(Maconnais)

최근 인기가 상승하고 있는 신선한 와인을 만들고 있는 지역이다.

가장 유명한 것으로는 샤르도네 한 품종을 100% 사용하여 생산하는 뿌이-퓌세(pouilly-Fuisse)가 있다.

▲ 꼬뜨샬로네 지역의 뿌이 퓌세 와인

(5) 꼬트 드 론(Cote de Rhone)

▲ 꼬트드론 와인

이곳은 프랑스 남쪽으로 이탈리아와 가깝기 때문에 와인 스타일도 이탈리아와 비슷하다. 남부 지중해 연안으로 여름이 덥고 겨울이 춥지 않기 때문에 포도의 당분 함량이 높고 이것으로 만든 와인은 알코올 함량도 높아진다. 따라서 알코올 함유량이 많고 색깔이 진한 레드 와인을 주로 생산하며, 유명 와인으로는 꼬트 로티에(Cote Rotie), 타벨(Tavel) 등이 있다.

3) 알사스(Alsace)

▲ 알사스 지역의 게브르츠 트라미너 와인

알사스에서 생산되는 와인은 독일과 가까운 국경지대에 위치하고 있어 독일 와인처럼 녹색의 병이 가늘고 긴 병 모양을 하고 있다.

거의 대부분 화이트와인만 생산을 하며 포도품종은 독일에서 재배하는 것과 같은 리슬링, 실바너, 삐노그리, 삐노블랑, 게브르츠 트라미너 와인 등이 있다.

4) 르와르(Loire)

이 지방은 대서양 연안의 낭트에서 아름다운 르와르 강을 따라 긴 계곡으로 연결된 와인의 명산지이며, 세계적인 명사의 휴양지로도 유명한 곳이다.

이곳에서 생산되는 와인은 굴과 조개 등 해산물과 어울리는 무스까데(Muscadet), 상세르(Sancerre) 그리고 앙쥬(Anjou)의 로제를 비롯해서 유명하지 않은 것이 없다.

▲ 르와르 지방의 상세르 와인

5) 샹파뉴(Champagne)

아주 오랜 옛날부터 '상빠뉴(샴페인, Champagne)'라 불리우는 지역에는 포도원이 존재하였다. 17세기말, 이 지역 사람들은 와인을 병입 한 후 이듬해 봄, 날씨가 더워지면 와인에 거품이 생긴다는 사실을 발견하게 되었다.

한 사원에서는 승려들이 이러한 발포 방법을 완성하는데 총력을 기울여 마침내 사원의 수도승이었던 돔 페리뇽(Dom Perignon)이 이 방법을 완성시킴으로써 샴페인 샹파뉴가 탄생한 것이다.

샹파뉴 지역은 연중 평균 기온이 10℃ 정도로 포도의 성숙에 필요한 최저 온도인 9℃에 가깝다. 바로 이 점이 이 지역 생산 포도의 독특한 맛을 결정하는 역할을 한다. 상파뉴 지역에서 생산되는 주요 와인은 모엣샹동, 니꼴라스 빼이아뜨, 뵈브 끌리꼬 퐁사르뎅, 동 루이나, 델벡 등이 있다.

상파뉴의 대표적 와인

▲ 앙래오 ▲ 니꼴라스 빼이야뜨 ▲ 모엣샹동 ▲ 니꼴라스 빼이야뜨

제 2 절 와인의 분류

가장 좋은 와인이란 그 요리에 가장 잘 맞는 와인을 말한다. 그러므로 와인은 식사의 종류와 조화를 고려하여 제공하여야 하며, 와인의 선택은 식사 전, 식사 중, 식사 후 또는 음식의 내용에 따라 다르다.

일반적으로 무겁고 달콤한 와인을 제공하기 전에 가볍고 드라이한 와인을 제공하고, 숙성이 오래 된 와인은 숙성이 짧은 와인을 제공한 다음에 제공되는 게 일반적이다. 기본적인 와인을 분류하면 다음과 같다.

1. 색에 따른 분류

1) 화이트 와인(White Wine)

백포도를 압착해서 만들고, 또는 적포도로 만들 때에는 포도의 껍질과 씨를 제거하고 만드는데, 포도를 으깬 뒤 바로 압착하여 나온 주스를 발효시킨다. 이렇게 만든 화이트와인은 탄닌 성분이 적어 맛이 순하고, 포도 알맹이에 있는 산(acid)으로 인해 상큼하며, 포도 알맹이에서 우러나오는 색깔로 인해 노란색을 띤다. 화이트와인은 8~10℃에서 마셔야 제 맛이 난다.

▲ 화이트 와인은 포도알맹이에서 우러나오는 색깔로 인해 노란색을 띤다.

2) 레드 와인(Red Wine)

적포도의 씨와 껍질을 그대로 함께 넣어 발효시킴으로써 붉은 색소 뿐만아니라 씨와 껍질에 있는 탄닌(tannin) 성분까지 함께 추출되어 떫은 맛이 나며, 껍질에서 나오는 붉은 색소로 인하여 붉은 색을 띠고 있다.

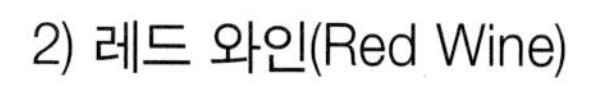
▲ 레드 와인은 포도껍질에서 나오는 붉은 색소로 인해 붉은색을 띤다.

알코올 성분은 12~14℃ 정도이며, 탄닌 성분으로 인하여 17~19℃에서 마셔야 제맛이 나며, 차가운 상태일 때는 탄닌 성분 때문에 쓴 맛이 난다.

3) 로제 와인(Rose Wine)

핑크색을 띄는 로제와인은 레드와인과 같이 포도의 껍질까지 함께 발효시키다 일정 기간이 지나면 껍질을 제거하므로 핑크색을 띠게 되며, 맛은 화이트와인과 유사하다.

▲ 로제 와인은 핑크색을 띤다.

2. 맛에 따른 분류

1) 드라이 와인(Dry Wine)

완전히 발효되어서 당분이 없는 와인으로, 단맛이 없고 약간 쓴맛이 나는 와인으로 육류요리에 적합한 와인이다.

2) 스위트 와인(Sweet Wine)

완전히 발효되지 못하고 당분이 남아 있는 상태에서 발효를 정지시킨 것과 설탕을 첨가한 것이 있으며, 약간 단맛이 나는 와인으로 식후에 적합한 와인이다.

3) 미디엄 드라이 와인(Medium Dry Wine)

스위트와 드라이 중간 타입의 것을 말한다.

3. 식사용도에 따른 분류

1) 아페리티프 와인(Aperitif Wine)

▲ 식사 중에 마시는 테이블 와인

본격적인 식사에 들어가기 전에 식욕촉진을 위하여 마시는 와인으로는 일반적으로 주정강화 와인 중에서 달지 않은 것(dry)을 마시는데, 버머스나 셰리가 적당하다.

애피타이저(Appetizer), 수프, 샐러드와 함께 마실 때에는 가볍고 드라이한 리슬링(Riesling), 샤블리(Chablies), 무스카데(Muscadet) 등이 좋고, 짙은 맛의 고기와 닭고기 수프에는 드라이 셰리(Dry Sherry)가 좋다.

2) 식사 중의 테이블 와인(Table Wine)

식사 중에 요리를 먹으면서 마시는 것으로, 특히 주 요리와 함께 마시는 와인을 의미하며, 기본적으로는 생선요리에는 화이트와인, 육류요리에는 레드 와인이 적합하다.

생선요리에는 거의 대부분 화이트와인이 어울리는데, 샤블리, 무스카데, 쇼비농블랑 같은 드라이하거나 신 맛이 나는 화이트와인이 어울린다. 바닷가재 요리나 가리비 종류에도 화이트와인이 어울린다.

붉은색 쇠고기와 양고기는 드라이한 레드와인이 잘 어울리며, 스테이크에는 전통적으로 레드와인이 제공된다. 이탈리아 토스카나와 피에몬테 지역에서 생산되는 바롤로(Barolo), 브르넬로(Brunello), 키안티(Chianti) 등도 붉은 육류고기와 맛이 잘 어울린다.

3) 디저트 와인(Dessert Wine)

식사 후에 제공되는 와인으로 케이크와 같은 달콤한 디저트와 함께 제공되는 와인을 말한다. 그래서 '식후주'라고도 하며 달콤한 와인을 한 잔 마셔줌으로써 식사가 끝난 후 입안을 개운하게 해주는 역할을 한다. 식후주에는 꼬냑이나 리큐르가 적당하다.

치즈와 와인의 찰떡궁합

치즈와 와인은 매우 잘 어울리는 찰떡궁합이라 할 수 있다. 치즈와 와인은 역사적으로나 만드는 방법으로 매우 유사해서 가장 좋은 음식의 동반자라고도 한다.

전 세계적으로 가장 선호하는 방법으로는 자신이 가장 좋아하는 와인과 치즈를 함께 먹는 것이고, 같은 지역에서 나오는 와인과 치즈를 같이 먹는 것이다. 오래전부터 레드와인은 치즈의 가장 좋은 파트너라고 여겨졌으나, 화이트와인이나 디저트 와인들이 훨씬 더 조화를 이룬다.

4. 제조법에 따른 분류

1) 비발포성 와인(Still Wine)

와인이 발효되는 도중에 생긴 탄산가스가 완전히 발산된 와인을 숙성해서 병입한 와인이다. 효모와 당분이 만나 발효과정에서 발생하는 모든 탄산가스를 완전히 제거한 와인으로 화이트, 로제, 레드와인이며 알콜도수는 대체로 8~13% 정도이다.

▲ 비발포성 와인은 탄산가스를 완전히 제거한 와인이다.

2) 발포성 와인(Sparkling Wine)

일반적으로 샴페인이라 불리는 발포성 와인은 스틸 와인을 병입한 후 당분과 효모를 첨가하여 병 내에서 2차 발효가 일어나 탄산가스를 갖게 되는 와인을 말한다. 이러한 방법은 원래 프랑스 샹파뉴(Champagne) 지방의 제조방법에 따른 것으로 흔히 말하는 샴페인은 샹파뉴 지방의 이름을 영어식 발음에 기초한 것이다.

▲ 샴페인이라 불리는 발포성 와인은 탄산가스를 함유하고 있다.

5. 프랑스 와인의 등급

프랑스 와인은 법의 규정에 따라 4개의 등급으로 품질이 분류되며, 상표에 그 등급을 표기하도록 되어 있다. 또한 프랑스 와인의 상표에는 법적 등급표시 외에 포도원(샤또 : Chateau), 판매업자(네고시앙 : Negociant), 생산연도(빈티지 : Vintage) 등이 표시된다.

빈티지란 특정 해의 잘 된 포도로 담은 와인을 의미하며, 병에 그 연도를 표시한다. 빈티지는 연도별, 지역별로 나누어 품질에 따라 0점에서 100점까지 평가하는 가이드 표에 의하여 좋고 나쁨을 구분할 수 있다. 프랑스 와인의 4개 등급을 살펴보면 다음과 같다.

35% AOC
2% VDQS
15% Vins de Pays
38% Les Vins de Table

(1) 아펠라시옹 도리진 콩트롤레(Appellation d'Origine Controlee : AOC)

가장 우수한 와인으로 A.O.C.라고 불리는 이 등급의 와인은 원산지를 통제명칭한 것으로 최우수 품질의 와인임을 증명한다. 따라서 가장 까다로운 규칙을 적용하며, 이러한 까다로운 과정을 거친 AOC는 지역별 전통을 존중해 주면서 그 포도주에 품질과 특징을 보증하게 된다.

(2) 뱅 데리미테 드 퀴리테 슈페리어(Vin Delimite de Qualite Superieure : V.D.Q.S)

두 번째 우수한 품질의 와인으로서 상품이 지정된 와인이다.

(3) 뱅 드 페이(Vins de Pays) - 지방명 와인(V.D.P)

보통와인으로 덜 유명한 지역에서 생산되는 와인을 규제한 것으로 대부분 지역 토산 와인이다. 지방명 와인들은 원산지를 표기할 수 있다는 점에서 테이블 와인과 구별된다. 예를 들어 랑그독 지방의 와인인 경우 뱅 드 페이 독(Vins de Pays d'Oc)이라고 표기된다.

(4) 뱅 드 따블(Les Vins de Table)

일상적으로 마시는 테이블 와인으로 오래 저장하지 않고 상표에 원산지나 품질을 자세히 기록하지 않으며, 대부분 프랑스 자국 내에서 소비된다.

제 3 절 와인 테이스팅

와인 테이스팅은 본격적으로 와인의 맛을 평가하는 단계이다. 지금까지의 모든 이론들이 사실은 테이스팅을 위한 서곡이라고 말할 수 있을 정도이다. 와인은 다른 음료와 달라서 시각, 후각, 미각 3가지 감각을 모두 충족시켜 준다. 3절에서는 와인 테이스팅을 위한 기본적인 몇 가지 사항에 대해 설명하고자 한다.

1. 시각

▲ 시각을 통한 와인 테이스팅 모습

색상과 투명도 와인을 글라스에 따랐을 때 가장 먼저 체크해야 할 것은 와인의 색상과 투명도이다. 뒷 배경을 하얀색(흰색 종이나 테이블 보)으로 두고 글라스를 비쳐본다. 와인에 따라 각기 다른 색과 투명도를 나타낼 것이다. 화이트와인의 경우 색깔이 옅은 볏짚색에서부터 연초록을 띠는 황금색에 이르기까지 와인마다 다른 색을 관찰할 수 있다. 레드와인이라면 짙은 루비색에서부터 어두운 체리, 보라빛 등을 볼 수 있다. 또한 시간이 지날수록 레드와인은 색깔이 옅어지고 화이트는 반대로 진해진다.

2. 후각

와인을 마시는 것은 곧 향을 음미하는 것이라는 표현이 있을 정도로 향은 와인의 생명과도 같다. 와인의 향은 정확히 그 와인의 질을 나타낸다.

곰팡이가 핀 오래된 통에 저장되었던 와인은 썩은 버섯 냄새가 나고, 코르크가 완전하게 막

▲ 후각을 통한 와인 테이스팅 모습

혀 있지 않은 와인은 젖은 톱밥 냄새가 난다.

썩은 양배추 냄새가 나는 것은 와인 제조업자가 아황산 가스를 방부제로 너무 많이 썼기 때문이다. 반대로 은은하고 좋은 냄새가 나는 것은 좋은 와인임을 보장한다. 와인의 향은 수천 가지가 존재하지만 크게 두 가지로 나뉠 수 있다. 원료 포도 자체에서 느껴지는 향을 아로마(Aroma)라 하고 과일향(Fruity), 꽃향(Flower), 풀잎향(Grassy) 등이 이에 속한다. 또 제조 과정, 즉 발효나 숙성 등의 와인 제조자의 처리 방법에 따라 생겨지는 향을 부케(Bouquet)라고 한다.

부케는 아로마보다 미묘해서 파악하기 힘들지만 와인 전체의 품질을 결정하는 중요한 향이다. 오크통에서 오랫동안 숙성 기간을 거쳐 오크향이 배어 나는 것을 부케의 좋은 예로 들 수 있다. 부케는 일반적으로 화이트와인보다 레드와인에서 더 꼼꼼히 따지는 향으로, 아로마가 천연의 향이라면 부케는 인공적인 향이라고 할 수 있다.

와인의 눈물

색과 투명도를 관찰했다면 이번엔 와인 글라스를 돌려본다. 글라스 돌리기를 멈춘 후에 글라스의 내벽에 흘러내리는 물질을 볼 수 있다. 이것을 와인의 눈물 혹은 와인의 다리라고 표현한다. 이는 와인 속에 함유된 알코올, 글리세롤,설탕 등으로 분석된다. 따라서 눈물이 많은 와인일수록 알코올이 높거나 당분이 많은 스위트한 와인이라고 보면 된다.

3. 미각

향을 맡았다면 이제 본격적으로 와인을 마셔보자. 먼저 와인을 한 모금 마시고 입안에서 굴린다. 그리고 와인을 입안에 둔 상태에서 외부 공기를 들이마신다. 이 때에 '추으읍'하고 들이키는 소리가 나도 예의에 어긋나는 것이 아니

▲ 입안에서 미각으로 테이스팅하는 모습

니 신경 쓰지 않아도 된다. 이런 방법을 통해서 와인의 맛과 향을 좀더 자세히 느낄 수 있다. 그런 다음 완전히 와인을 삼키면서 마신다. 고급 와인일수록 더 다양한 맛을 지니고 있기 때문에 맛과 향의 미묘한 변화를 감지할 수 있다.

와인을 테스트할 때는 드라이한 와인부터 스위트한 와인으로 또는 영(Young)와인에서부터 오래 숙성된 와인 순으로 마셔야 한다.

시음자는 공기를 들이마시면서 입안에서 와인을 혀와 점막 위에서 돌리면서 가글하게 되면 입안의 감각 수신체들이 충분히 배어들 수 있게 된다. 따라서 와인을 테이스팅 할 때는 다음과 같은 중요 요소들을 중심으로 테이스팅 하여야 한다.

바디(Body) 와인의 무게라고 하며 입안에 머금었을 때 느껴지는 무게감을 의미한다. 예를 들어 저지방 우유인 경우 산뜻한 느낌인 반면 일반 우유는 약간 입안에서 꽉 찬 느낌이 든다. 와인의 바디는 와인에 함유되어 있는 성분의 농도에 의해 정해진다.

균형(Blance) 이상적 와인은 조화와 균형이 이루어진 와인이라고 하는데 이 말은 탄닌, 산, 단맛, 과일향과 다른 성분의 적절한 배합을 의미한다. 유럽의 북부 한랭지대의 와인은 산이 너무 많아 당분이 부족하기 쉽다. 거꾸로 남부의 극히 더운 지역의 와인은 알코올과 탄닌이 너무 많아 산이 부족한 경향이 있다.

당분(Sweetness) 와인의 당분은 특히 화이트와인의 경우 중요하다. 당분은 일조량, 포도 품종에 따라서도 결정되지만 재배 기술, 발효 기술에 따라서도 달라진다. 주정 강화 와인(포트, 쉐리)의 경우 당을 일부러 첨가하기도 하지만 발효를 중단시켜 당분이 자연스럽게 남게 한다.

산도(Acidity) 산도가 너무 많으면 와인이 날카롭게 느껴진다. 그러나 산도가 부족하면 너무 밋밋하고 향이 오래 지속되지 못하는 단점이 있다. 와인의 신맛을 주도하는 것은 사과산, 젖산(유산), 구연산이다.

탄닌(Tannin) 간혹 산도와 혼동하는 사람도 있지만 탄닌과 산도는 엄연히 다르다. 탄닌은 떫은 맛으로 포도 품종과 일조량, 양조기술, 숙성정도에 따라 달라지며 와인을 숙성, 보호하는데 중요한 역할을 하는 성분이다.

알코올(Alcohol) 알코올은 당분이 이스트의 작용에 의해 생성되는 것으로 와인의 향과 바디를 결정하는 중요한 요소이다.

여운(Finish) 와인을 삼키고 난 후에도 맛이 얼마동안 입 속에 남아 있는데, 이것을 롱 피니쉬(Long finish)라고 한다. 모젤처럼 라이트한 와인은 향기가 좋은데 이것은 빨리 없어져 버린다. 보통 와인은 여운이 오래될수록 고급와인에 가깝다.

제 4 절 와인 서비스

와인을 찾는 고객은 자신이 특별히 선호하는 와인을 요구하기도 하지만, 지배인이나 바텐더에게 도움을 요청하기도 하여 종사원은 사전에 와인 서비스에 대한 충분한 지식을 갖추어 도움을 주어야 한다.

1. 와인 서비스 적정온도

사람이 체형마다 옷을 달리 입는 것처럼 와인 역시 마시기 전 갖춰야 할 점이 있다. 와인의 맛과 향을 제대로 즐기기 위해서는 각 와인마다 적절한 온도에서 서브되어야 한다.

일반적으로 레드와인은 실온에 보관된 상태에서, 화이트와인은 약간 차갑게 마시는 것이 좋다고 알려져 있다. 와인에 따라 서비스 온도를 달리하는 것이 귀찮고 번거로운 일일 수도 있지만 조금만 신경 쓴다면 맛있게 와인을 즐길 수 있다.

① 16℃~18℃ : 무겁고 중후한 맛이 나는 레드와인
(보르도, 부르고뉴, 바롤로 지역 와인)

② 13℃~15℃ : 중간 정도의 무겁고 중후한 맛이 나는 레드와인
(론 와인, 보졸레, 알자스, 키안티 와인)

③ 10℃~13℃ : 가벼운 맛의 적포도주와 로제와인

(샤블리, 무스까데, 알자스 리스링, 로제와인)

④ 7℃~10℃ : 화이트와인 서빙 온도

(꼬뜨 뒤 프로방스, 따벨, 부르고뉴의 화이트와인)

⑤ 4℃~6℃ : 샴페인과 발포성 와인(스파클링 와인)

2. 와인 서비스 순서

① 와인 바스켓(wine basket)에 라벨이 보이도록 와인 병을 눕혀 놓고 주문한 와인의 라벨을 보여 준다.

② 스크류 나이프로 병목 주위를 돌려가면서 호일을 절단한다.

③ 병의 호일을 제거한다.

④ 병목 주위를 서비스 냅킨으로 깨끗이 닦는다.

⑤ 코르크 마개 중앙에 코르크 스크류를 꽂는다.

⑥ 왼손은 병목을 부드럽게 잡고, 오른손으로 천천히 코르크 스크류를 돌린다.

⑦ 병 입구에 코르크 스크류 받침대를 걸쳐 놓는다.

⑧ 코르크 마개가 거의 빠져 나오도록 코르크 스크류를 잡아 올린다.

⑨ 손을 이용하여 코르크 마개를 완전히 빼낸다.

⑩ 병 입술을 서비스 냅킨으로 깨끗하게 닦는다.

⑪ 와인 바스켓에 라벨이 보이도록 와인병을 놓고 호스트(host)가 시음을 할 수 있도록 서빙한다.

⑫ 호스트의 승낙이 있으면 바스켓에서 와인병을 꺼내 서빙한다.

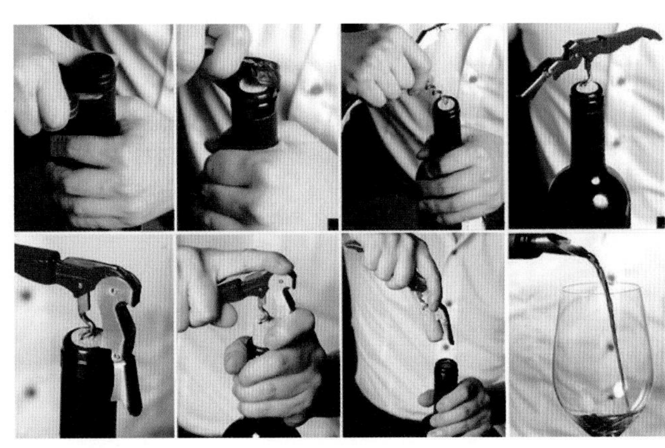

3. 디캔팅(Decanting)

일반적으로 와인은 전주를 하지 않고 병으로 직접 서브하지만, 연도가 오래된 와인은 침전물이 생긴 것에 대해서 디캔터(decanter)에 옮겨 담아 서브할 수도 있다.

디캔팅은 와인을 마시기 직전 침전물을 와인에서 분리시키는 작업을 의미한다. 6~7년 이상 숙성된 레드와인은 병 안에 붉은 색소와 탄닌 등 자연 침전물이 끼어있을 수 있으며, 이런 침전물이 와인 속에 섞여 있으면 좋지 않은 맛을 내므로 좋은 와인을 마실 때 디캔팅을 하는 것이 일반적이다.

1) 디캔팅 시점

와인의 숙성도에 따라 다르지만, 일반적으로 서비스하기 30분 전에 하는 것이 좋다. 30분 전에 디캔팅을 하는 것은 와인 부케가 서서히 형성되므로 도중 아주 가벼운 공기와의 접촉에도 섬세하고 날아가기 쉬운 아로마는 금방 약화될 수 있기 때문에 향의 보존을 위해 식사 직전에 디캔팅 한다.

2) 디캔팅 순서

① 먼저 병을 흔들지 않으면서 코르크 마개를 딴다.
② 디캔터에 와인을 조금 흘려 넣은 뒤 헹구어서 술 냄새가 배이도록 한다.
③ 왼손은 디캔터를 잡고, 오른손은 와인병을 잡은 후 와인병의 어깨쯤에 촛불의 불꽃이 비치도록 촛불을 위치하여 놓는다.
④ 그 다음 한 손에는 병을 들고 와인을 디캔터의 내부 벽을 타고 흘러내리도록 하면서 조심스럽게 옮겨 담는다.

⑤ 촛불을 켜서 병목 반대편 아래쪽에 놓아두면 찌꺼기가 병목 쪽으로 흘러들어 오는 것을 쉽게 발견할 수 있다.

⑥ 찌꺼기가 디캔터 안으로 흘러 들어가지 않도록 잘 살피다가 침전물이 발견되면 빠른 동작으로 병을 일으켜 중지한다.

3) 디캔터 종류

4. 와인 보관 요령

좋은 와인이 완전히 숙성할 때까지 잘 보관한다는 것은 투자의 측면에서도 아주 중요하다. 와인은 살아있는 유기물이기 때문에 시간, 온도, 빛, 움직임에 따라 잘 변하는 성격을 가지고 있기 때문이다. 따라서 와인의 보관요령을 잘 파악하여 보관하는 것이 바람직하다.

1) 와인이 가장 좋아하는 환경

(1) 온도

온도가 변하지 않는 상태에서 지속적으로 15℃ 정도(적어도 5~18° 사이)가 이상적이다. 와인의 온도가 너무 낮으면 숙성이 제대로 되지 않는다. 또한 한번이라도 와인의 온도가 20℃ 이상 올라간 적이 있다면 그 와인은 오랜 기간 동안 숙성시키기에는 적절하지 못하다.

(2) 빛

완전히 어두운 상태가 가장 좋다. 빛은 와인의 성분에 영향을 미칠 수 있다.

(3) 이동/진동

와인의 잦은 이동이나 흔들림은 좋지 않다.

(4) 습도

코르크 마개가 와인과 항상 접촉해 있는 한은 특별히 걱정할 것이 없다. 만약 그렇지 않다면 가습기를 넣어서 습도 조절을 해야 한다.

(5) 와인의 위치

와인은 코르크가 습기를 가질 수 있도록 항상 한쪽으로만 비스듬히 눕혀두는 것이 좋다. 이런 방법은 수년간 와인을 저장하는 동안 코르크가 너무 물러지지 않도록 해준다.

2) 와인 보관 방법

와인을 보관하려는 위치와 예산에 따라 여러 가지 방법을 취할 수 있다.

(1) 단지 선반을 이용하는 방법

만약 주변의 거주 환경이 일년 내내 일정한 온도를 유지한다면 아주 좋은 환경을 갖고 있는 것이다. 구멍을(동굴처럼) 파거나 조그만 방이나 캐비닛에 넣을 수 있는 선반을 만들거나 구매를 한다. 한 가지 유념해야 할 것은 그 장소가 흔들리지 않고 어두운 곳이어야 한다.

▲와인을 보관하는 진열대

(2) 냉장 장치

와인을 수집하기 위해서 조그만 방이나 큰 장을 가지려면 전용 냉장고를 사는 것이 좋다. 다양한 용량과 공간을 위한 모델들이 있으며, 저장 공간을 일정한 온도와 약간의 진동이 있는 상태로 유지될 것이다.

(3) 와인 쿨러나 캐비닛

이 방법은 거창한 와인 저장고를 만들지 않고 저장할 수 있는 방법이다. 트란스템(Transtherm)과 비슷한 모델들이 많은데 이러한 것들은 한정된 공간으로 인해 일단 와인을 수집하게 되면 새로 하나 더 사는 경우가 많다.

(4) 짧은 기간 보관할 때

와인 병을 따고 나서 다 마실 수 없을 경우에 와인을 그냥 두면 산화가 되어 버린다. 빨리 마셔 버리는 것이 좋다. 만약에 다 마실 수 없다면 하루 정도는 코르크 마개로 잘 막아서 냉장고에 보관을 하고, 3~7일 정도 보관해야 한다면 와인병 안의 공기를 빼내서 진공 상태로 보관해야 한다.

5. 와인 서비스 기물

(1) 코르크 스크류 종류

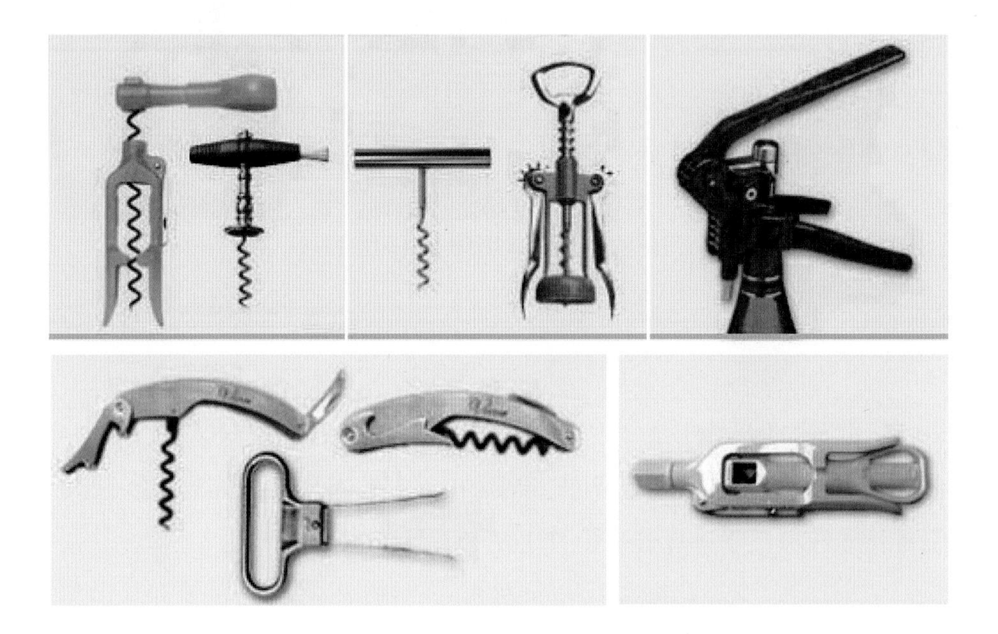

(2) 테이스뱅, 와인 쿨러, 와인 바스켓

(3) 와인 글라스

와인을 글라스에 따르면 와인의 온도가 1~3℃ 정도가 상승한다. 따라서 와인 글라스는 얇을수록 좋으며, 두꺼운 글라스는 냉장고에 미리 적당한 온도로 낮추어 두는 것이 좋다.

와인 한 잔의 기준은 4온스(120ml)이므로 와인 글라스의 용량은 6온스 이상이 좋다. 고급와인은 향을 즐기기 위해 10온스 이상의 큰 글라스를 사용하기도 한다. 일반적으로 화이트와인은 온도가 올라가지 않도록 작은 글라스에 따라 빨리 마시지만, 레드와인은 큰 글라스에 많이 따라 놓고 서서히 마시므로 용량이 더 크다. 샴페인은 폭이 좁고 길어 기포가 빨리 사라지지 않는 플루트(flute)형이 좋다.

레드와인 잔 샴페인 잔 화이트와인 잔

제 5 절 와인 라벨 읽기와 보관요령

1. 프랑스 와인의 라벨 읽는 법

1) AOC급 와인

① 원산지 명칭 : 원산지는 그 와인에 사용된 포도가 재배된 지역을 의미한다. 예시된 라벨처럼 보르도일 수도 있고 보르도의 뽀므롤처럼 세부지역으로 표기할 수도 있다. 프랑스의 AOC등급 와인의 경우 포도 품종을 따로 표기하지 않는다. 원산지에 따라 품종을 엄격하게 통제하기 때문에 원산지의 명칭만 봐도 어떤 품종인지 대략 알 수 있다.

② AOC 급 와인임을 표기 : 프랑스는 원산지를 통제하기 때문에 반드시 기입해야 한다. 와인 등급에 관한 자세한 설명은 세계 와인 산지에서 자세히 볼 수 있다.

③ 와인 병입자의 이름과 주소 : 이 와인의 경우 바롱 필립 드 로칠드사가 와인을 병입했다는 것이 표시되어 있다. 와인에 따라서는 7번에 표기된 제조업체와 와인 병입자가 다를 수도 있다.

④ 용기내의 와인 순용량 : 일반적인 Bottle은 75cl(750ml의 프랑스식 표기)이지만 375ml의 미니 와인도 있으며, 1.5리터의 경우 매그넘(Magnum), 3리터는 제로보암(Jeroboam)이라고 칭하기도 한다.

⑤ 알코올 도수

⑥ 브랜드 네임 : 상품의 이름을 나타내며 이 상품의 이름은 무똥 까데이다.

⑦ 제조업체 : 소유주의 주소 무똥 까데를 만든 바롱 필립 드 로칠드사의 주소가 기재되어 있다.

⑧ 병입장소 : 포도원에서 직접 병입한 경우도 있지만 와인에 따라 생산자의 주소와 병입장소가 다를 수 있다.

⑨ 원료 : 포도의 수확 연도 빈티지를 의미하고 와인 병입 연도와는 다르다. 기후가 좋았던 빈티지 연도에 따라 와인 가격이 달라지기도 한다.

⑩ 생산국가 : 와인을 생산한 국가를 표기한다.

2) 지역등급 와인(Vin de pays)

■ 의무기재사항

① Vin de Pays 뒤에 생산지역 명칭 표기 : 지역에 따라 다른 특징을 지니고 있기 때문에 표기한다. 이 와인은 랑그독 지역에서 생산된 포도를 원료로 사용한다.
② 와인 병입자의 이름과 주소
③ 용기내의 와인 순용량
④ 알코올 도수
⑤ 원료 포도의 수확 연도(vintage)
⑥ 원료 포도의 품종 이름 : AOC등급과 달리 뱅드 뻬이급에는 포도 품종을 명시한다.
⑦ 생산국가

3) 테이블 와인(Vin de table)

■ 의무기재사항

① Vin de Table 뒤에 프랑스 국명 표기 : EC 내의 타국산 원료를 사용할시 이름 명기한다.
② 와인 병입자의 이름과 주소
③ 용기내의 와인 용량
④ 알코올 도수
⑤ 상표
⑥ 생산국가

2. 독일 와인의 라벨 읽는 법

① 생산국가
② 포도 생산지역 : 독일에는 13개 와인 생산지역이 있다.
③ 빈티지
④ 등급 : 독일에서는 타펠바인(Tafelwein), 란트바인(Landwein)이 가장 대중적인 와인이며, 이보다 한 단계 높은 품질등급이 QbA. 독일 와인의 65%가 이 등급에 해당된

다. QbA보다 한 단계 높은 품질 등급은 QmP급으로 최고급 와인이다.
⑤ 공식 품질 관리번호 : 타펠바인이나 란트 바인에는 붙이지 않는다.
⑥ 알코올 함량
⑦ 용량

3. 이탈리아 와인의 라벨 읽는 법

① 상표(브랜드) : 생산자 이름이나 포도원 명칭이 주로 사용된다.
② 포도 재배 지역 : 토스카나의 볼게리에서 제조되었음을 나타낸다.
③ 등급 : 이탈리아 와인 등급 중 DOC등급임을 나타낸다. 이탈리아에서는 DOCG급이 고급이지만 사시까야의 경우 DOC등급에도 불구하고 세계 100대 와인에 들 정도로 명주이다.
④ 빈티지
⑤ 병입지 : 현지에서 생산자가 직접 병입 했다는 표시
⑥ 생산회사의 이름 및 소재지
⑦ 알코올 함유량
⑧ 용량

4. 미국(캘리포니아) 와인의 라벨 읽는 법

① 상표(브랜드) : 캔달잭슨처럼 소유주의 이름을 쓰는 경우도 있으나 대개 포도원 명칭을 사용한다.
② 빈티지 : 빈티지가 표기되면 포도의 95% 이상이 명시된 해에 재배된 것을 의미한다.
③ 생산지 : 캘리포니아를 상표에 명시하기 위해서는 포도 100%가 캘리포니아에서 수확되어야 한

다. 연방정부에서 지정한 포도 재배 지역(AVA : American Approved Viticultural Area)을 사용하려면 와인에 사용된 포도 품종 85%가 그 지역에서 수확되어야 한다.

④ 포도 품종 : 미국의 경우 고급 와인은 버라이어털(Varietal, '품종의' 란 뜻) 와인으로 분류되는데, 포도 품종 자체를 상표에 표기하는 것이 특징이다. 다만 그 품종이 반드시 75% 이상 와인 생산에 사용되어야만 한다. 이 와인의 경우 샤르도네 품종이 75% 이상 들어간 것이다.

⑤ 알코올 함유량

5. 호주 와인의 라벨 읽는 법

① 와인 회사명
② 상표(브랜드) : 포도원 명칭, 생산자이름
③ 포도 품종
④ 빈티지
⑤ 생산 국가

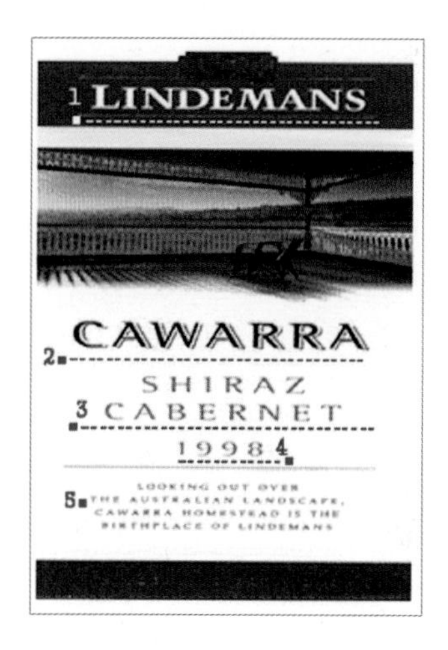

Hotel Food & Beverage Service

Chapter 13 주장 관리

Chapter 13 주장 관리

제 1 절 주장 관리

1. 주장의 개념

일반적으로 주장이라고 하면 음료를 위주로 판매하는 각종 영업장을 말하는데 총칭하여 바(Bar)라고 한다. 대부분의 주장에는 바가 설치되어 칵테일을 비롯한 각종 음료가 만들어지거나 제공되기 때문이다.

Bar는 바텐더와 고객 사이에 가로지르는 카운터 형의 널빤지에서 유래되었다. 바(Bar)는 식당과는 달리 정신이나 기분을 회복시켜주는 공간으로서 아늑한 분위기와 시설을 갖추고, 조명과 음악 그리고 바 종사원에 의해서 영업이 이루어지는 공간이라고 할 수 있다.

▲ 콘래드 서울의 최상층에 위치한 '37 Bar' 업장과 전문 바텐더의 업무 전경

2. 음료 영업장 관리

1) 음료 영업의 중요성

음료는 식당에서 음식과 곁들여 판매되는 경우도 있지만 주장에서는 주 상품으로 판매된다. 음식은 평균 재료 코스트(30~40% 수준)가 높고 주방요원의 인건비가 드는 반면에 음료는 평균 코스트(15~25% 수준)가 현저히 낮고 주방요원이 필요 없다는 점에서 공헌이익이 높다.

결국 음식은 식자재비, 인건비, 연료비 등을 제외하면 이익이 얼마 안 남는데 비하여 음료를 많이 팔게 되면 식음료 전체 이익을 올릴 수 있다.

2) 음료 관리의 중요성

음식의 상품화는 식자재를 구매하여 조리사가 다듬고 요리를 하는 등 복잡하지만 음료의 상품화는 주방에서 만들지 않고 대부분 바(Bar) 직원이 병 채로 제공하거나 간단히 조주하여 제공한다. 그러나 음료도 과학적인 관리가 요구된다.

① 각 영업장에서 사용될 음료 메뉴를 작성한다.
② 판매예측을 통한 적정재고를 관리한다.
③ 칵테일의 경우 표준 레시피를 만든다.
④ 주기적으로 품목별 또는 브랜드별 판매현황과 고객의 기호를 파악하여 대책을 수립한다.
⑤ 적정양의 표준을 정하여 음료가 허비되는 경우를 막는다.
⑥ 각 음료의 종류마다 표준 글라스를 지정하여 사용한다.

3. 바(Bar)의 조직과 직무

1) 바(Bar)의 조직

바(Bar)의 조직도는 다음과 같다.

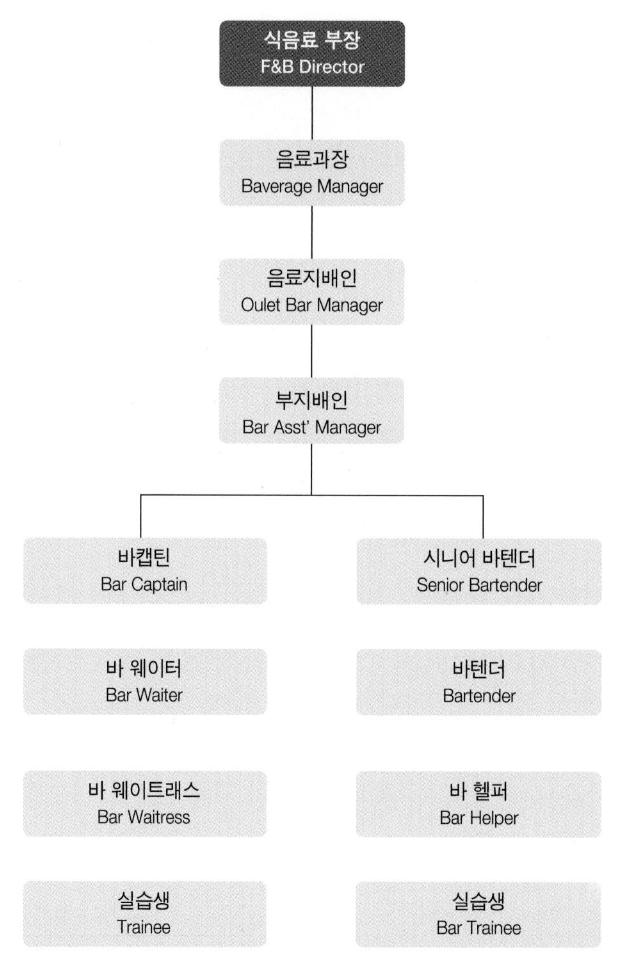

▲ 바(Bar)의 조직도

2) 바(Bar)의 직무

(1) 음료 지배인(Bar Manager)

- 주장의 영업에 관한 모든 관리를 책임진다.
- 음료에 대한 풍부한 지식을 가지고 부하직원을 교육시킨다.
- 고객을 영접 및 서비스와 고객관리를 책임진다.
- 직원들의 근무편성표를 작성하며 근무감독을 책임진다.
- 음료의 재고관리와 영업일지를 점검한다.
- 표준 칵테일 레시피(Recipe)를 만들어 각 업장에 있는 바텐더들에게 배부 비치하고 교육도 담당한다.
- 위생점검을 매일 실시하여 바(Bar)의 청결을 유지한다.
- 영업보고자료, 각종 보고서 및 행정 업무를 책임진다.

(2) 음료 캡틴(Bar Captain)

- 지배인을 보좌하며, 부재시 임무를 대신한다.
- 접객서비스의 책임을 맡고 고객으로부터 주문을 받는다.
- 웨이터 및 웨이트리스의 담당구역을 할당하고 점검한다.
- 영업전후의 업무 상태를 차질 없이 점검한다.
- 판매하는 품목의 상품지식과 서비스에 관한 사항을 숙지한다.
- 신입사원 및 실습생의 교육을 담당한다.
- 상품이 제공된 후에 고객의 만족도를 체크한다.
- 업장에서 필요한 매뉴얼, 긴급조치사항을 숙지한다.
- 담당구역의 영업준비 상태를 점검한다.

(3) 시니어 바텐더(Senior Bartender)

- 바(Bar) 지배인 보좌 및 주문과 서비스 담당을 지휘한다.
- 음료의 적정재고를 파악하고 보급 및 관리를 한다.

- 바 카운터 주위를 정리정돈하고 청결을 유지한다.
- 냉장고, 제빙기 등의 작동상태를 점검하고 적정온도를 유지한다.
- 칵테일 부재료 등을 체크한다.
- 칵테일은 표준 레시피에 의해서 만들고 지정된 계량기와 잔을 사용한다.
- 영업종료 후 판매현황과 재고 조사표를 작성한다.
- 음료에 대한 지식과 경험을 바탕으로 신상품 개발에 힘쓴다.
- 부하직원에 대한 업무 지시와 감독을 한다.
- 음료에 대한 충분한 지식을 습득하고 후배 직원의 교육을 담당한다.
- 바(Bar)내의 행정 및 식음료자재, 기타 소모품 등을 관리한다.

(4) 바텐더(Bartender)

- 시니어 바텐더의 업무를 보조한다.
- 바 카운터를 청소한다.
- 음료 및 부재료, 소모품 등을 보급한다.
- 모든 기물류의 정리정돈과 청결을 유지한다.
- 규정에 의하여 칵테일을 조주한다.
- 철저한 대고객 서비스에 힘쓴다.
- 음료의 적정재고 확보 및 세부관리에 힘쓴다.
- 고객의 음료 보관시 정확한 표기 및 보관에 힘쓴다.

(5) 주장 웨이터/웨이트리스(Bar waiter/Bar waitress)

- 캡틴의 업무를 보조한다.
- 서비스 담당 구역과 그 주위를 항상 정리정돈하고 청결을 유지한다.
- 규정된 절차에 의하여 서비스 한다.
- 기물취급법, 음료지식을 숙지하고 있어야 한다.
- 판매상품에 대한 숙지 및 판매 기술 개발에 힘쓴다.
- 고객의 주문 관리와 요금의 영수관계를 확인한다.
- 상급자 지시에 충실하고 선후배간의 협조에 힘쓴다.

(6) 소믈리에(Sommelier)

- 와인 등 음료의 맛을 테스팅(Tasting)하고 관리한다.
- 와인의 진열과 음료재고를 관리한다.
- 주문 받은 와인을 규정에 의하여 서브한다.
- 동료직원이 바쁠 때는 협조한다.
- 와인에 대한 전문지식을 가지고 고객에게 와인을 추천, 판매한다.
- 창고의 재고관리 및 상품수령에 힘쓴다.

3) 주장의 상품관리

(1) 메뉴(Menu) 관리

메뉴란 판매상품을 기록한 차림표로서 업장의 얼굴 역할을 하는 것으로 메뉴계획시에는 입지성, 시장성, 경제성, 생산능력, 판매가격, 노동력, 사전 마케팅, 업장규모, 인허가 조건 등을 고려하여야 하며 메뉴판 제작시에는 시각적 디자인과 내용적 사실성이 매우 중요하다. 가격 결정시에는 경쟁가격, 시장가격, 선도추구가격, 최소판매가격 등을 고려하여 결정하여야 한다.

(2) 구매(Purchasing)와 검수(Receiving) 관리

구매란 필요한 좋은 품질의 재료를 적시에 적당량을 구입하는 것을 말하며, 검수란 구매목적이나 주문에 따른 확인을 말한다.

(3) 저장(Storing) 및 출고(Issuing) 관리

저장이란 입고 재료에 대한 양호한 상태유지 및 손실예방을 위한 것으로 창고저장, 냉장저장, 냉동저장 등이 있으며, 출고란 소비량과 재고량의 파악을 위한 인출절차(선입선출)로서 구매수준에 영향을 미친다.

(4) 생산(Producting) 및 서빙(Serving) 관리

생산이란 출고된 재료를 통한 상품화를 말하며, 서빙이란 부가적 서비스 환경의 연출이라 할 수 있다.

(5) 회계(Accounting) 및 평가(Evaluation) 관리

회계란 손익 측면에서의 결산절차이며, 평가란 관리영역에 대한 종합 점검이라 할 수 있다.

4) 주장의 수익관리

(1) 총수익(Gross Profit)

총수익이란 음료판매로부터 생긴 총액에서 음료 판매에 든 재료원가를 뺀 나머지 금액을 말한다.

총수익 = 판매총액 - 재료원가

(2) 순수익(Net Profit)

순이익은 총수익에서 모든 비용(직원의 급료, 세금, 보험료, 감가상각비...)을 제한 순수하게 남는 이익을 말하는데, 주장 종사원은 순수익에 대하여 큰 관심을 두지 않아도 되는데, 그것은 경영진에서 취급할 부분이기 때문이다.

순이익 = 총수익 - 총원가

(3) 원가관리(Beverage Cost Target)

경영진에서 총수익액을 결정하여 제시하면 이것을 수행하기 위하여는 주장요원에게 가격 목표도 결정해 줄 것이다. 가격 목표는 백분율로 표시하며 음료일 경우 30~40%로 정하는 것이 가격 책정의 기본으로 되어 있다.

간단한 수식으로 나타내면 다음과 같다.

판매가(100%) = 재료비(40%) + 총수익(60%)

만약 경영진에서 주장의 총수익 목표를 60%로 정하면 그 재료비는 40%를 초과하여서는 안 되는 것이다. 총수익 목표를 50%로 설정했다면 재료비는 50%를 사용하여야 한다.

위에서 말한 40%의 재료비는 와인, 맥주, 위스키, 칵테일 등을 다 포함하여 말하는 것이다. 따라서 와인이나 맥주가 일반음료나 칵테일보다 가격이 높을수도 낮을수도 있다. 또한 각 음료마다 제각기 다른 가격을 가지게 된다.

(4) 음료가격(Pricing Beverage)

음료가격 책정 방법은 내용물의 가격을 원하는 가격의 백분율로 나누면 된다.

예를 들어 보면 다음과 같다.

만약 25oz의 Scotch Whisky 한병에 20,000원이고 재료비를 30%로 원한다면 ⦿ 20,000 ÷ 25 = 800원 ………… 1oz당 단가 ⦿ 800 ÷ (30/100) = 2,666원 …… Scotch Whisky 1oz당 판매단가

제 2 절 칵테일

1. 칵테일의 어원

칵테일(Cocktail)에 관한 어원은 전 세계에 걸쳐 수많은 설이 있다. 그러나 어느 것이 정설인지는 정해져 있지 않다. 이에 그들의 설 중, 한 가지를 간단히 소개해 보기로 한다.

미국 독립전쟁 당시 버지니아(Verginia)기병대 '패트릭후래나건'이라는 한 아일랜드인이 입대하게 되었다. 그러나 그 사람은 입대한 지 얼마 되지 않아서 전사하고 말았으며, 그의 부인 '베치이'는 남편의 부대에서 부대주보의 경영을 담당하게 되었다.

그녀는 특히 브레이서(Bracer)라고 부르는 혼합주를 만드는 데 소질이 있어 군인들의 호평을 받았다. 그러던 어느 날 그녀는 한 반미 영국인 지주의 정원에 숨어 들어가 아름다운 꼬리를 지닌 수탉을 훔쳐와서 그 고기를 병사들에게 먹였으며, 그 수탉의 꼬리털을 주장의 브레이서 병에 꽂아 장식하여 두었다. 그 날 장교들은 닭의 꼬리와 브레이서로 밤을 새워 춤을 추면서 즐겼는데, 어느 한 장교가 병에 꽂힌 Cock's tail을 보고 "야! 그 Cock's tail 멋있군!"하고 감탄을 하니 역시 술취한 다른 장교가(자기들이 지금 마신 혼합주의 이름이 Cock's tail인 줄 알고)그 말을 받아서 말하기를 "응, 정말 멋있는 술이야!"라고 응수했다 한다.

그 이후부터 이 혼합주인 브레이서를 칵테일이라 부르게 되었다는 것이다.

2. 칵테일의 역사

술을 여러 가지의 재료를 섞어 마신다는 생각은 벌써 오래 전부터 전해왔는데, 술 중에서도 가장 오래된 맥주는 기원전부터 벌써 꿀을 섞기도 하고 대추나 야자열매를 넣어 마시는 습관이 있었다고 한다.

생각해 보면 이것은 훌륭한 칵테일 조제행위인 것이다. 즉 음료를 혼합하여 즐기는 습관은 옛날부터 있었던 것이며, 그것은 거의 인간에 내재된 선천적인 습성이라 할 수 있다.

중세 이후 브랜디나 위스키 또는 진, 럼, 리큐르 등의 출현에 의해 Mixed Drink의 종류는 일시에 확대되었으며, 1700년경에는 이미 서구에서 이와 같은 음료를 마시고 있었다.

현재 우리들이 마시고 있는 칵테일은 그 대부분이 제조과정에서 얼음을 사용하여 반드시 차가운 상태로 나온다. 이처럼 차가운 칵테일은 1870년대 이후의 산물이다. 이후 제1차 세계대전 당시 미국 군대에 의해 유럽에 전파되었고, 미국의 금주법이 1933년 해제되자 칵테일의 전성기를 맞이하였으며, 제2차 세계대전을 계기로 세계적인 음료가 되었던 것이다. 이처럼 역사는 깊고, 모습은 새로운 것이 현재의 칵테일인 것이다.

3. 칵테일의 분류

1) 용량에 의한 Mixed Drink의 분류

(1) 쇼트 드링크(Short Drinks)

120ml(4oz)미만의 용량이 적은 글라스로 내는 음료이며, 주로 술과 술을 섞어서 만든다. 이것은 좁은 의미의 칵테일에 해당하며 이름 뒤에 칵테일을 붙여서 표기하거나 부르기도 한다.

(예 : Manhattan Cocktail)

(2) 롱 드링크(Long Drink)

120ml(4oz)이상의 용량 글라스로 내는 음료이며, 얼음을 2~3개 넣는 것이 상식이다. 얼음이 녹기 전에 마시면 되는데, 소다수를 사용한 것은 탄산가스가 빠지면 청량감이 없어지므로 되도록 빨리 마시는 것이 좋다.

(예 : Sloe Gin Fizz, Tom Collins 등)

(3) 소프트 드링크(Soft Drinks, Non Alcoholic Drinks)

청량음료를 나타내는 소프트드링크와는 다른 의미이며, 소량의 리큐르 등을 사용하는 수도 있으나 알코올 성분은 거의 없다. 주로 여성이나 어린이가 마시기에 적합하다.

2) 시간에 의한 분류

(1) 식전 칵테일(Aperitif Cocktail)

식욕을 촉진시키기 위해 식사 전에 마시는 것으로 마티니와 맨하탄이 대표적이다. 단맛이 없는 것이 특징이다.

(2) 식후 칵테일(After Dinner Cocktail)

식후에 소화를 돕기 위해 마시는 것으로 대부분이 달콤하게 만들어진 것이 많다. 주로 브랜디 알랙산더, 그리스하퍼 등이 대표적이다.

(3) 올데이 타입 칵테일(Allday Type Cocktail)

식사와 상관없이 마시는 칵테일로 신맛이나 단맛이 함유된 칵테일이 주류를 이룬다.

3) 형태에 의한 Mixed Drinks 분류

(1) 하이볼(HighBall)

증류주나 각종 양주를 탄산음료와 섞어 HighBall Glass에 나오는 일반적인 롱 드링크를 일컫는 의미로 사용되고 있다.
(예 : Whisky Soda, Gin Tonic 등)

(2) 피즈(Fizz)

피즈란 탄산가스가 공기 중에 유입할 때 '피식'하는 소리를 나타내는 의성어로서, 주로 소다수 등을 사용한다.
(예 : Gin Fizz, Cacao Fizz 등)

(3) 사워(Sour)

레몬주스를 다량으로 사용한 음료로 사워(Sour)란 '시큼한'이란 뜻이며, 일반적으로 레몬주스와 소다수를 넣어서 만든다.

(예 : Whisky Sour, Gin Sour 등)

(4) 쿨러(Cooler)

차갑고 청량감이 있는 음료로서 갈증 해소에 좋다.

(예 : Gin Cooler, Wine Cooler 등)

(5) 에그 녁(Egg Nog)

크리스마스 음료로서 계란이나 우유가 함유된 영양가 높은 음료이다.

(예 : Brandy Egg Nog 등)

(6) 펀치(Punch)

주로 큰 파티 장소에서 많이 이용된다. 큰 펀치볼에 덩어리 얼음을 넣고 두 가지 이상의 주스나 청량음료와 두 가지 이상의 술을 넣고 만드는 것이며, 지역이나 계절의 특성을 최대한 살릴 수 있다.

(예 : Sherry Punch, Champangne Punch, Fruit Punch 등)

다양한 종류의 칵테일

▲ 목킹 버드 ▲ 마이타이 ▲ 브렌디 사워 ▲ 비 엔 비

4. 칵테일 기구

1) 칵테일 조주용 기구

(1) 쉐이커(Shaker)

혼합하기 힘든 재료를 잘 섞는 동시에 냉각시키는 도구이며, 쉐이커의 재질은 양은, 크롬도금, 스테인리스, 유리 등이 있으나, 다루기 쉽고 관리하기 쉬운 점에서는 스테인리스가 가장 좋다.

(2) 믹싱 글라스(Mixing Glass)

비중이 가벼운 것 등 비교적 혼합하기 쉬운 재료를 섞거나, 칵테일을 투명하게 만들 때 사용하며, 바 글라스(Bar Glass)라고도 한다.

(3) 바 스푼(Bar Spoon)

재료를 혼합시키기 위해 사용하는 자루가 긴 스푼으로 믹싱 스푼(Mixing Spoon)이라고도 한다.

(4) 스트레이너(Strainer)

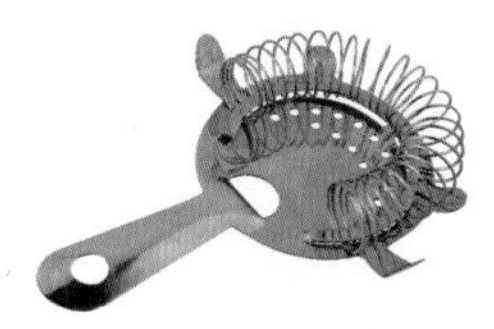

믹싱 글라스로 만든 칵테일을 글라스에 옮길 때 믹싱 글라스 가장자리에 대고 안에 든 얼음을 막는 역할을 한다.

(5) 믹서(Mixer)

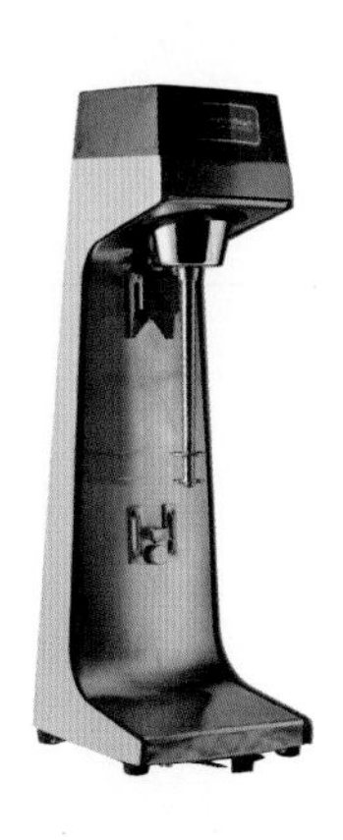

혼합하기 어려운 재료를 섞거나 프로즌(Frozen) 스타일의 칵테일을 만들 때 사용한다.

(6) 계랑컵(Measure Cup)

술이나 주스의 양을 잴 때 사용하는 금속성 컵을 말한다.

(7) 코르크스크류(Corkscrew)

와인 등의 코르크 마개를 따는 도구이다.

(8) 스퀴저(Squeezer)

레몬이나 오렌지 등의 감귤류의 과즙을 짜기 위한 용기이다.

(9) 오프너(Opener)

병마개를 따는 도구로서 캔 오프너와 같이 붙어 있는 것도 있으나 병마개를 딸 때 통조림 따개의 칼날에 손을 다치는 경우가 있으므로 따로 있는 것이 좋다.

(10) 기타

아이스 픽, 아이스 페일, 아이스 텅, 머들러, 스트로우, 칵테일 픽, 글라스 홀더, 비터 바틀, 푸어러, 와인 쿨러 앤 스탠드, 코스타, 칵테일 냅킨 등이 있다.

▲ 아이스 픽 ▲ 아이스 페일 ▲ 아이스 팅 ▲ 머들러

▲ 스트로우 ▲ 푸어러 ▲ 코스타

5. 칵테일 글라스류(Cocktail Glassware)

▲ 칵테일용 각종 글라스 종류

바에서 통상 사용되는 글라스는 크게 두 가지로 분류되는데, 그 하나는 원통형의 Tumbler와 다리가 짧고 발이 달린 Footed Glass, 손으로 잡기 편하게 긴 다리가 있는 Stemmed Glass가 있다. 여기에서 또 각종 글라스의 종류가 나누어진다. 그리고 그 유형이나 모양을 일정치 않고 약간씩 변형되어 여러 가지 형태로 만들어진다.

글라스의 형태에 따라 칵테일의 시각적인 맛이 좌우되므로 지정된 글라스를 올바르게 선택하여 사용해야 하며, 글라스의 종류로는 위스키 글라스, 하이볼 글라스, 올드패션, 카린스 글라스, 비어 글라스, 리큐르 글라스, 쉐리 글라스, 칵테일 글라스, 사워 글라스, 와인 글라스, 샴페인 글라스, 고블렛, 브랜디 글라스 등이 있다.

제 3 절 칵테일 조주

칵테일의 조주방법은 크게 5가지로 나눌 수 있다.

1. 쉐이킹(Shaking)

쉐이커(Shaker)에 필요한 재료와 얼음을 함께 넣고 손으로 잘 흔들어서 글라스에 따라주는 방법이다.

2. 스터링(Stirring)

믹싱 글라스(Mixing Glass)에 필요한 재료와 얼음을 함께 넣고 바 스푼(Bar Spoon)으로 잘 저어서 글라스에 따라주는 방법과 하이볼 글라스에 필요한 재료와 얼음을 함께 넣고 잘 저어서 만드는 하이볼 종류 같은 것이다.

3. 브렌딩(Blending)

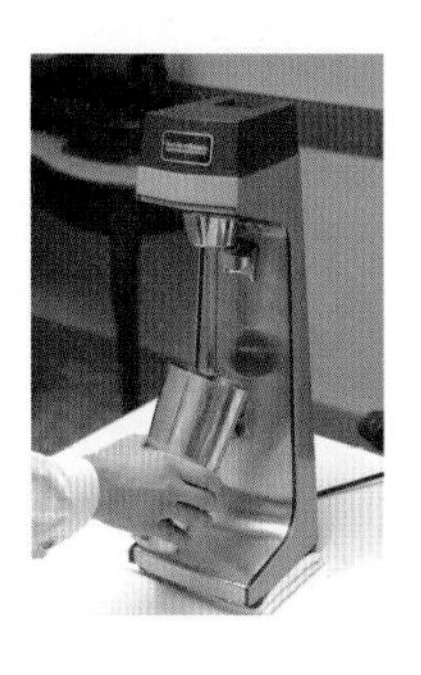

전기 브렌더에 필요한 재료와 잘게 갈아 만든 얼음을 함께 넣고 전동으로 돌려서 만드는 방법으로 Tropical Drinks 종류를 만드는 방법이다.

4. 플로팅(Floating)

플로팅 기법으로는 2가지가 있는데, 첫째는 얼음을 사용하지 않고 글라스에 바로 따라주는 것으로 Pousse Cafe 종류로 Angel's kiss와 Rainbow 같은 것을 만드는 것이며, 다른 한가지는 칵테일을 만들 때 마지막으로 위에 뿌려서 독특한 색과 맛을 내는 것으로 테킬라 선라이즈(Tequila Sunrise)와 같은 것을 만드는 것이다.

5. 빌드링(Building)

글라스에 필요한 재료를 직접 따라서 만드는 칵테일로 Kir 종류와 Mimosa 등이며 On the rock으로 만드는 칵테일도 이에 해당된다.

제 4 절 칵테일 조주 실기

1. 쉐이킹(Shaking) 기법의 칵테일

위스키 사워 *Whisky Sour*

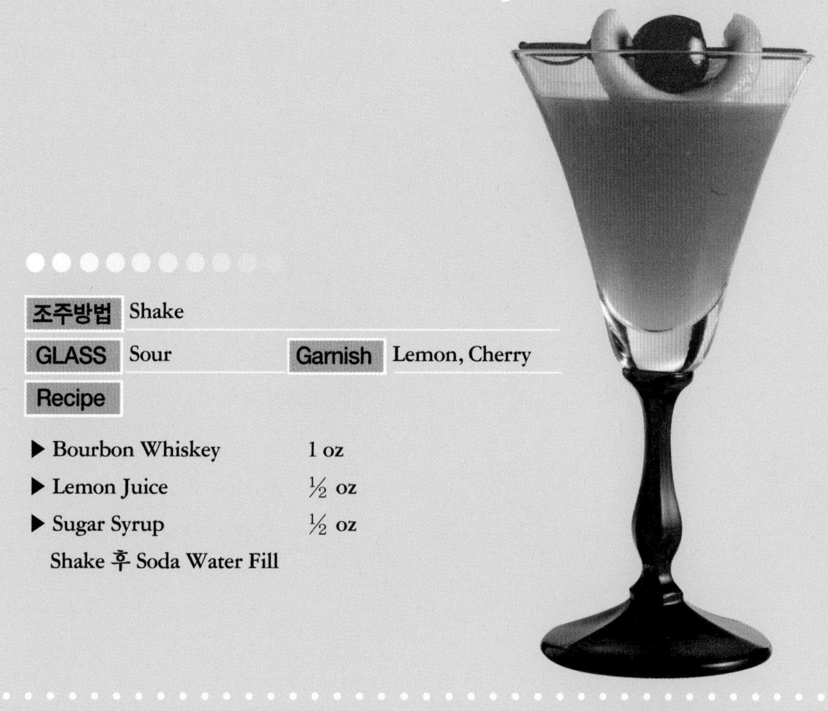

조주방법	Shake		
GLASS	Sour	Garnish	Lemon, Cherry
Recipe			

▶ Bourbon Whiskey 1 oz
▶ Lemon Juice ½ oz
▶ Sugar Syrup ½ oz
Shake 후 Soda Water Fill

※ 위의 재료를 Shake해서 Sour Glass에 따르고 Lemon과 Cherry로 장식하여 제공한다. 또한 기본주로 Brandy를 사용하면 Brandy sour가 된다.
Sour(사워)는 신맛이 난다는 의미도 있지만, 베이스에 레몬주스와 당분을 첨가한 스타일을 말한다. 기본주에 따라 위스키샤워, 진사와, 브렌디샤워 등이 있다.

Cocktail

뉴욕 New York

조주방법	Shake		
GLASS	Cocktail	Garnish	
Recipe			

- ▶ Bourbon Whiskey 1 oz
- ▶ Lime Juice ½ oz
- ▶ Grenadine Syrup ½ oz
- ▶ Sugar 1 tsp

※ 거대한 대도시 고층빌딩의 야경이 연상되는 아름다운 색조의 칵테일이다.
지명이 붙은 칵테일은 그것으로 하나의 랑트를 이룰 정도로 매우 많다.
그중에도 특히 유명하며 현대에도 애주가가 많이 즐기고 있는 인기높은 칵테일이다.

2. 스터링(Stirring) 기법의 칵테일

조주방법	Stir		
GLASS	Cocktail	Garnish	Cherry
Recipe			

- ▶ Bourbon Whiskey 1 oz
- ▶ Sweet Vermouth ½oz
- ▶ Angostura Bitters 1 dash

※ 위의 재료를 Mixing Glass에 얼음과 함께 넣은 다음 stir해서 칵테일 글라스에 따른 후 Cherry를 장식하여 제공한다. 여기에서 기본주를 스카치 위스키로 바꾸면 'Rob Roy' 칵테일이 된다.

Manhattan 칵테일은 전세계적으로 유명한 '칵테일의 여왕'이라는 별명을 가지고 있다. 칵테일의 본고장인 미국에서는 온더록(on the Rock)스타일로 마시기도 한다.

Cocktail

로브로이 *Rob Roy*

조주방법	Stir		
GLASS	Cocktail	Garnish	Cherry
Recipe			

- ▶ Scotch Whisky 1½ oz
- ▶ Sweet Vermouth ½ oz
- ▶ Angostura Bitters 1 dosh

※ Shaker에 얼음 3~4 ea 넣고 위의 재료를 넣은 다음 Shaker한 후 칵테일 글라스에 따르고 Red Cherry로 장식하여 제공한다.
런던의 고급호텔인 '더 사보이'의 바텐더인 허리클라우드 씨가 창안했다고 한다.
스카치 위스키 대신에 아메리칸 위스키를 베이스로 만들면 맨하탄이라는 유명한 칵테일이 된다.

3. 플로팅(Floating) 기법의 칵테일

엔제일스 키스 *Angel's Kiss*

조주방법	Float		
GLASS	Pousse cafe	Garnish	
Recipe			

- ▶ Creme de cacao(White or Dark) ¼ oz
- ▶ Sloe Gin ¼ oz
- ▶ Light cream ¼ oz
- ▶ Brandy ¼ oz

※ 바 스푼의 등쪽을 이용해서 글라스의 안쪽으로 천천히 따른다. 연인들 사이에 인기가 있으며, 누구나 한번쯤 마셔보고 싶은 칵테일이다.

Cocktail

비 엔 비 B&B

조주방법	Float		
GLASS	Liqueur	Garnish	
Recipe			

- ▶ Benedictine ½ oz
- ▶ Brandy ½ oz

※ Benedictine을 먼저 넣고, Brandy를 나중에 섞이지 않도록 띄운다.

4. 빌드링(Building) 기법의 칵테일

올드패션드 *Old Fashioned*

조주방법	Build		
GLASS	Old Fashioned	Garnish	Orange Cherry
Recipe			

- ▶ Bourbon Whiskey 1 oz
- ▶ Cube Sugar 1 ea
- ▶ Angostura Bitters 1 ds
- ▶ Soda Water Glass Half Fill

※ 위의 재료를 Mixing Glass에 얼음과 함께 넣은 다음 stir해서 칵테일 글라스에 따른 후 Orange와 Cherry를 장식하여 제공한다. 여기에서 기본주를 스카치 위스키로 바꾸면 'Rob Roy' 칵테일이 된다.
Manhattan 칵테일은 전세계적으로 유명한 '칵테일의 여왕'이라는 별명을 가지고 있다. 칵테일의 본고장인 미국에서는 온더록(on the Rock)스타일로 마시기도 한다.

Cocktail

러스티 네일 *Rusty Nail*

조주방법	Build		
GLASS	Old Fashioned	Garnish	
Recipe			

- ▶ Scotch Whisky 1 oz
- ▶ Drambuie ½ oz

※ 위의 재료를 Old Fashioned Glass에 얼음과 함께 넣어 제공한다.
Rusty Nail은 직역하면 '녹슨 못'이라는 의미지만, 한편으로는 옛스러운 음료라는 속어가 있다. 칵테일로서의 역사는 짧으며, 베트남 전쟁 때 세계적으로 급속히 유행된 음료라고 할 수 있다.

참고문헌

1. 국내문헌

유도재, 호텔경영론, 백산출판사, 2023.
유도재·최병호, 호텔식음료실무론, 2020.
유도재·조인환, Hospitality Marketing, 대왕사, 2022.
유도재 외 3인, 서비스경영론, 대왕사, 2010.
이정학, 호텔식음료실습, 기문사, 2008.
채신석 외 3인, 호텔식음료경영, 백산출판사, 2024.
최병호·최희진, 호텔와인소믈리에경영실무, 백산출판사, 2010.

2. 관련자료 제공호텔 및 매뉴얼

◆ 자료 제공호텔

그랜드워커힐서울 홍보실
그랜드하얏트서울 홍보실
그랜드인터컨티넨탈 서울 파르나스 홍보실
롯데호텔서울 홍보실
서울신라호텔 홍보실
임피리얼팰리스호텔 홍보실
웨스틴조선서울 홍보실
콘래드서울 홍보실
포시즌스호텔서울 홍보실
JW메리어트호텔 홍보실

◆ 호텔 매뉴얼

그랜드워커힐서울, 식음료 매뉴얼
그랜드하얏트서울, 서비스 입문 교육
그랜드인터컨티넨탈 서울 파르나스, 서비스 매뉴얼
롯데호텔서울, 식음료 서비스 매뉴얼
서울신라호텔, 식음료 서비스 매뉴얼
임피리얼팰리스호텔, 서비스 업무지침
웨스틴조선서울, 서비스 입문 교육
포시즌스호텔서울, 서비스 입문 교육

3. 외국문헌

Alexis Bespaloff, The New Frank Schoonmaker Encyclopedia of Wine, 1988.

Alexis Lichine, New Encyclopedia Book of Wine, 1990.

Grand Hyatt Hotel. Room Service Marketing Plan, 2008.

Grand Hyatt Hotel. Service directory, 2006.

Hilton Hotel Seoul, Up selling skill, 2005.

Hilton Hotel Seoul, Food & Beverage skill manual, 2007.

Hilton Hotel Seoul, Table Manner, 2006.

Inter Continental Hotel, Room service operating policy, 2004.

Inter Continental Hotel, Service performance & product standards, 2008.

Kevin Zraly, Complete Wine Course, 1996.

Lattin, G. W., The Lodging & Food Service Industry, Educational Institute of The American Hotel & Motel Association, 1995.

Marriott Seoul Hotel, Room service operator, 2002.

Marriott Seoul Hotel, Restaurant & Room Service, 2005.

Powers, T., Introduction to Management in the Hospitality Industry, John Wiley & Son. Inc., 1995.

Rutherford, D. G., Hotel Management & Operations, Van Nostrand Reinhold, 1990.

Sopexsa, The Wines & Spirits of France, 1983.

The Ritz Carlton Hotel Seoul, Food & Beverage operation manual. 2006.

The Ritz Carlton Hotel Company, Skill Training Manuals ; Buffet Restaurant, 2004.

The Ritz Carlton Hotel Company, The Gold Standards ; Three Meal Manager.

Tom Stevenson, The New Sotherby's Wine Encyclopedia, 1997.

Wilhelm Ruff Dif. T., Restaurant, Function & Room service procedure, 1995.

저 / 자 / 소 / 개

• 유도재

저자는 호텔 및 리조트기업의 세일즈마케팅부서에서 10년간 근무하였으며, 세종대학교 호텔경영대학원에서 경영학 박사학위를 취득하였다. 한국여성경제인협회 창업스쿨과 서울시청 공무원연수원 전문강사로 활동하였으며, 이후 경기대학교, 세종대학교 등에서 호텔관광경영학과 겸임교수를 역임하였다. 현재 백석예술대학교 관광학부 교수 겸 백석대학교 관광아카데미 교수로 재직 중이다. 주요 저서로는 호텔경영의 이해, Hospitality Marketing, 리조트경영론 등이 있으며, 관심분야는 호텔기업의 경영전략 및 전략적 제휴 등이다.

호텔식음료실무론

2024년 11월 25일 초판 1쇄 인쇄
2024년 11월 30일 초판 1쇄 발행

지은이 유도재
펴낸이 진욱상
펴낸곳 (주)백산출판사
교 정 편집부
본문디자인 신화정
표지디자인 오정은

등 록 2017년 5월 29일 제406-2017-000058호
주 소 경기도 파주시 회동길 370(백산빌딩 3층)
전 화 02-914-1621(代)
팩 스 031-955-9911
이메일 edit@ibaeksan.kr
홈페이지 www.ibaeksan.kr

ISBN 979-11-6567-953-8 93590
값 32,000원